KENEXIS

DYNAMIS / MAHAM

Sistemas Instrumentados de Segurança
Manual de Desenvolvimento

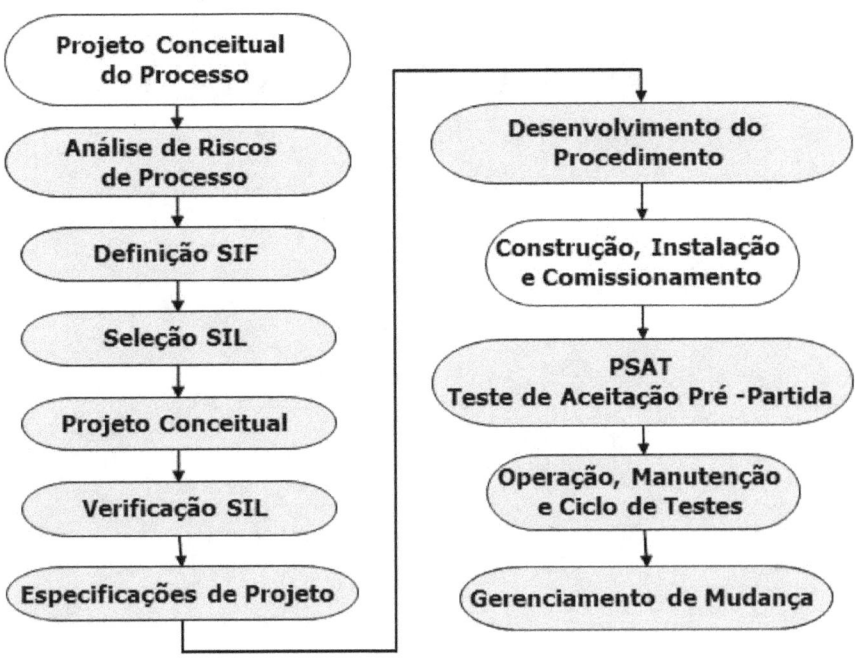

Sistemas Instrumentados de Segurança
Manual de Desenvolvimento

KENEXIS

Kenexis Consulting Corporation – Columbus, OH
DYNAMIS Automação e Cursos / MAHAM Serviços de Engenharia Consultiva
Campinas – SP

Copyright © 2010		Kenexis Consulting Corporation
2929 Kenny Road
Suite 225
Columbus, OH 43221
e-mail: info@kenexis.com
http://www.kenexis.com
Phone: (614) 451-7031

Todos os direitos reservados

Nenhuma parte deste trabalho pode ser reproduzida, armazenada em um sistema de recuperação ou transmitida de qualquer forma ou por qualquer meio, eletrônico, mecânico, fotocópia, gravação ou outro, sem a prévia autorização escrita da Kenexis Consulting Corporation.

Na elaboração deste trabalho, a Kenexis Consulting Corporation não pesquisou ou analisou as patentes aplicáveis aos assuntos contidos neste livro. Assim, é responsabilidade dos leitores e usuários, do material contido neste livro, buscarem as devidas informações e proteções contra implicações pela infração de patentes. As informações e recomendações contidas neste livro não se destinam particularmente a qualquer aplicação ou aplicações específicas e são de caráter informativo geral. Assim sendo, a Kenexis Consulting Corporation não assume nenhuma responsabilidade e se exime de todas as implicações de qualquer tipo, que eventualmente venham a surgir, em decorrência do uso das informações contidas neste livro. Qualquer equipamento eventualmente citado neste trabalho foi mencionado pelos autores como mero exemplo de tecnologia. A Kenexis Consulting Corporation não faz nenhum tipo de indicação e/ou recomendação, expressa ou implicitamente, para qualquer produto ou equipamento. Com relação à disponibilidade, não constitui, expressa ou implicitamente, nenhum tipo de recomendação a menção a qualquer equipamento, processo, fórmula, ou outros procedimentos contidos neste livro. As orientações, procedimentos e recomendações dos fabricantes para os seus equipamentos devem prevalecer em todas e quaisquer situações de uso destes equipamentos.

Sobre a atuação da KENEXIS

A Kenexis é uma empresa global de consultoria em engenharia, focada no desenvolvimento de soluções técnicas para as salvaguardas técnicas de plantas de processo. Salvaguardas técnicas são dispositivos físicos que podem detectar a ocorrência de uma situação indesejada ou fora de controle na planta de processo e tomar as medidas corretivas para levar o processo a um estado seguro. Alguns exemplos típicos de salvaguardas técnicas usadas nas indústrias de processo são:

- Sistemas Instrumentados de Segurança
- Sistemas de Detecção e Supressão de Incêndios e Gás
- Sistemas emergenciais de Válvulas de Isolamento
- Sistemas de Alarme
- Sistemas de Alívio de Pressão
- Sistemas de Proteção Cibernética
- Sistemas de Proteção para Maquinário

A Kenexis auxilia os clientes a implantar esses sistemas, trabalhando como um consultor especializado e independente, no desenvolvimento da concepção básica destes sistemas e na validação de que estes sistemas serão implementados de acordo com as bases de projeto, ao longo de todo o seu ciclo de vida. Dado que a Kenexis não comercializa e nem recomenda qualquer tipo de equipamento, nem tampouco executa quaisquer serviços de engenharia detalhada, a Kenexis está singularmente posicionada para atuar como consultor independente, sem conflitos de interesse que possam influenciar a objetividade das decisões no desenvolvimento das características dos projetos.

A Kenexis, ao assessorar os clientes na determinação das suas necessidades de salvaguardas técnicas, faz uma abordagem baseada no risco. Os riscos, apresentados pelos processos operados por nossos clientes, podem ser desenvolvidos e determinados através de técnicas de análise de risco tais como: "Estudos de Operabilidade e Perigos" (HAZOP - Hazard and Operability Study), que a Kenexis pode tanto facilitar como participar ativamente da sua realização. Uma vez identificadas as necessidades de salvaguardas técnicas, as bases de projeto para estas salvaguardas são desenvolvidas considerando a regulamentação e as normas aplicáveis ao projeto de cada salvaguarda específica, bem como a consideração do nível de redução de risco que estas salvaguardas devem prover. Tomando em conta esses dois fatores, a Kenexis prepara a documentação das bases de projeto, definindo os requisitos com grau de detalhe suficiente para a seleção e compra dos equipamentos; no entanto esta documentação é elaborada de forma suficientemente genérica para permitir que qualquer tecnologia ou fornecedor, capaz de satisfazer os requisitos técnicos, possa oferecer uma solução adequada. Os documentos gerados pela Kenexis primam pela sua capacidade em permitir aos usuários finais a comparação de alternativas para múltiplos fornecedores e, assim, selecionar a solução que melhor se adapte às suas necessidades.

Após a conclusão das bases de projeto, os clientes vão interagir diretamente com as empresas de engenharia, fornecedores de equipamentos e montadoras/integradores de sistemas para implementar fisicamente os sistemas de segurança. Uma vez instaladas as salvaguardas técnicas a Kenexis, para assegurar que as mesmas foram selecionadas, concebidas e instaladas em conformidade com a documentação das bases de projeto, realiza testes de validação e serviços de suporte para assegurar que a instalação e sua documentação está e sejam mantidos em conformidade e atualizados.

Sobre os Autores

Kevin J. Mitchell

Kevin J. Mitchell tem experiência inigualável nas áreas de gestão de risco e segurança de processos. O Sr. Mitchell esteve envolvido e participou de centenas de projetos abrangendo operações de diversos tipos, tais como: produção de petróleo e gás, refino, petroquímica, química de especialidades e processos de produção em geral. É especializado no "estado da arte" para a avaliação de risco dos materiais tóxicos, inflamáveis e explosivos, relativamente às pessoas, os ativos, o meio ambiente e, conclusivamente, nos negócios. Utiliza a Avaliação de Risco e a Análise de Custo-Benefício para auxiliar na tomada das decisões de engenharia e de negócios.

Peter Hereña

O Sr. Hereña tem uma vasta experiência na concepção e instalação de sistemas de controle, bem como na implementação de sistemas instrumentados de segurança para as indústrias de processo. Trabalhou em múltiplos projetos relacionados com a produção de petróleo e gás, refino, industrias de processo químico e petroquímico. Sua experiência inclui desenvolvimento de software, desenvolvimento de sistemas de controle e inspeção de instrumentação de campo, em complemento atuou no suporte a "partida" em vários projetos ao redor do mundo. Tem atuado junto a clientes na maioria dos aspectos do ciclo de vida das salvaguardas, desde a facilitação dos estudos de HAZOP, passando pela seleção e verificação do SIL e chegando ao desenvolvimento dos requisitos de segurança e especificações dos planos de testes funcionais.

Todd M. Longendelpher

Todd Longendelpher tem experiência no projeto de Sistemas Instrumentados de Segurança e metodologias de análise de risco. É o responsável pelo desenvolvimento dos requisitos de SIL e pela verificação da adequação dos requisitos SIL para os sistemas instrumentados de segurança. Utiliza técnicas de análise de risco para avaliar Sistemas Instrumentados de Segurança existentes com relação a potenciais riscos passíveis de consequências. Tem conduzido estudos de LOPA, Seleção de SIL e verificação SIL para clientes das áreas de refino de petróleo, petroquímica e produção de petróleo e gás nos EUA e ao redor do mundo. Atualmente supervisiona a implementação de projeto de implementação de SIS em múltiplas plataformas de produção de petróleo e gás no Golfo do México.

Matthew C. Kuhn

Matthew Kuhn é líder de engenharia na Kenexis e tem experiência significativa no projeto e análise de riscos e consequências em Sistemas Instrumentados de Segurança. Foi responsável pelo desenvolvimento de inúmeras bases de projeto, envolvendo inteiramente campos de produção de petróleo e gás desde os poços de exploração, passando pelas unidades de processamento, até as instalações de carga e despacho de produtos. Estes projetos incluíram uma gama completa de atividades sobre o ciclo de vida do SIS; contemplando o desenvolvimento das metas de SIL, através da análise dos níveis de proteção requerida (implícitos e/ou explícitos), verificação dos modelos conceituais (existentes ou propostos) utilizando técnicas de cálculo de verificação SIL, elaboração de relatórios de desvios das bases de projeto e a preparação de recomendações para a solução dos problemas encontrados.

Sobre os Tradutores

Marcílio Pongitori

Mestrando em Engenharia Mecânica pela Unicamp, Engenheiro Químico pela Universidade Mackenzie 1981, Técnico Nuclear pelo IPEN 1976, participou de vários cursos em Instrumentação e Sistemas de Automação. Atualmente é Diretor da Dynamis Automação e Cursos Ltda., prestando consultoria em projetos e treinamentos em automação. Atuou como Professor da cadeira de Automação das Faculdades Integradas Einstein de Limeira – Fiel. Exerceu os cargos de engenheiro, gerente e diretor atuando em projetos de automação de processos industriais nas empresas: EPC Automação, Total Engenharia, CTMain Engenheiros, Atan Accenture, Siemens, Chemtech, Honeywell, Foxboro Brasileira de Instrumentação (atual Schneider Electric), Yokogawa e Promon Eletrônica. O professor ainda desenvolve atividades como voluntário na International Society of Automation e como Presidente da ISA Campinas Section (Biênio 2016/17). Já foi Diretor de Treinamento (Biênio 2015/16) do Distrito 4 para América do Sul, foi o Fundador e Presidente da ISA Campinas (Biênio 2004/05) e Presidente da ISA São Paulo (Biênio 2002/04).

João Bassa

Membro da "Intech Editorial Advisory Board", atuou nas comissões de Instrumentação do IBP, ABQUIM e na instalação da ISA no Brasil. É professor do curso de pós-graduação "Engenharia de Processos com Ênfase em Projetos Industriais" do INSTITUTO MAUÁ DE TECNOLOGIA, foi também professor de "Instrumentação e Controle de Processos" na Faculdade de Engenharia Química da UNICAMP. Com mais de 40 anos de experiência industrial, inicialmente "Chefe de Setor Instrumentação" e, posteriormente, Diretor de Engenharia para América Latina na RHODIA, Gerente de Projetos na BRITISH PETROLEUM – Bio Fuels e Gerente de Projetos na CH2 MHILL, atualmente é consultor sênior da MAHAM Serviços de Engenharia Consultiva e membro Diretor da ISA Campinas. Desde o início de sua carreira mantém um constante foco no aprimoramento da segurança operacional da indústria.

Prefácio

Os Sistemas Instrumentados de Segurança (SIS) constituem, nas indústrias de processo, uma das salvaguardas técnicas mais amplamente utilizadas e difíceis de projetar. Antes do aparecimento de procedimentos para o projeto de SIS baseados no risco, os sistemas eram tradicionalmente implementados usando práticas consagradas - que foram bastante eficazes, mas não totalmente satisfatórias. Após a implementação da análise baseada em risco, os usuários do SIS perceberam que estas salvaguardas técnicas possuem flexibilidade de projeto para permitir uma ampla gama de configurações com diversas capacidades de redução dos riscos. Somente o SIS pode ser concebido de várias formas (boa, muito boa ou ótima), restringindo o grau de redução de risco provido ao grau de redução de risco necessário.

A desvantagem da maior flexibilidade, que a decisão baseada em risco fornece, é o consequente aumento de complexidade que é introduzido na elaboração do projeto. Para poder tomar decisões com base no risco, é necessário entender o risco do processo químico, o que não é simples e, em geral, está fora do domínio dos projetistas do SIS, bem como também é necessário entender os detalhes da engenharia de confiabilidade aplicada ao projeto do SIS.

Nos anos seguintes à edição dos procedimentos que definem a engenharia de SIS baseados em desempenho, muitos livros, procedimentos, relatórios técnicos e artigos foram escritos sobre o processo de engenharia de SIS (incluindo livros e artigos dos autores deste livro). Assim, julgaram os autores que seria bastante valioso organizar estas informações na forma de um manual de desenvolvimento, para permitir que os profissionais do dia-a-dia possam contar com uma referência rápida para os pontos mais importantes no projeto de SIS.

Este livro não aprofunda digressões quanto aos fundamentos teóricos das equações ou bases de dados mencionados em outros livros e artigos técnicos, ao contrário promove uma abordagem prática do ciclo de vida seguro do SIS e a apresenta em forma a auxiliar diretamente no desenvolvimento das atividades e tarefas concernentes. Adicionalmente, este livro apresenta as metodologias mais aceitas e comprovadas para a consecução destas atividades, especialmente numa especialidade onde os procedimentos permitem aos usuários uma grande flexibilidade para a seleção entre várias opções para estar em conformidade com os procedimentos e normas.

Por exemplo: a atividade de selecionar os níveis de integridade de segurança, pode ser realizada utilizando uma grande variedade de métodos, incluindo matrizes de risco e a Análise das Barreiras de Proteção (LOPA - Layer of Protection Analysis). Considerando que a grande maioria da indústria optou por usar a "análise dos níveis de proteção", apenas esta metodologia será explorada em detalhe.

Em complemento, procuramos nos concentrar nos aspectos do desenvolvimento seguro do ciclo de vida do SIS, não abordando outros assuntos, que embora importantes, estão fora do domínio da engenharia de controle e instrumentação. Exemplificando: Uma boa análise dos riscos do processo é importante para identificar onde as salvaguardas instrumentadas, como SIS, são necessárias; contudo, a execução de uma Análise de Riscos de Processo não é normalmente parte da responsabilidade dos engenheiros de instrumentação e controle, desta forma alguns aspectos são comentados, mas não abordados em detalhe.

Os autores, bem como os tradutores, esperam que o conteúdo lhe seja útil e forneça informações aproveitáveis no seu dia-a-dia de trabalho.

Índice

Sobre a atuação da KENEXIS iii
Sobre os autores v
Sobre os tradutores vii
Prefácio viii
Índice x
Introdução 1
    Por que o SIS é necessário? 1
    O que é um SIS? 2
    Normalização e Regulamentação 3
    Por que novas normas de SIS? 5
    Quais os requisitos desta norma? 7
    O Ciclo de Vida da Segurança 9
Projeto Conceitual do Processo 13
Análise de Riscos e Perigos do Processo 14
Definição da SIF (Safety Instrumented Function) 16
Seleção do Nível de Integridade da Segurança 20
    Definindo o Nível de Integridade da Segurança 22
    Processo de Seleção do SIL 24
    Representação do Risco Tolerável na Seleção do SIL 25
    Análise das Barreiras de Proteção (LOPA) 28
Projeto Conceitual e Verificação do SIL 33
    Seleção dos componentes 34
    Tolerância a Falhas 36
    Intervalo de Teste Funcional 37
    Falhas de Modo Comum 38
    Abrangência do Diagnóstico 38
    Cálculos PFD (Probabilidade de Falha sob Demanda) 39
    Equações simplificadas 39
Especificações dos Requisitos de Segurança 41
Projeto Detalhado e Especificações 45
Desenvolvimento do Procedimento 46
Construção, Instalação e Comissionamento 49
Teste de Aceitação Pré-Partida 50
Operação e Manutenção 51
Gerenciamento da Mudança 52

Conclusões 54
Apêndice A - Acrônimos 56
Apêndice B - Definições 57
Apêndice C - Frequências Típicas para os Eventos Iniciadores........... 62
Apêndice D - Barreiras Típicas de proteção........................ 63
Apêndice E – Equações Simplificadas PFDavg e Taxa de Falha Espúria. 70
Apêndice F – Tabelas de Tolerância Mínima a Falhas 81
Apêndice G – Dados de Falha dos componentes do SIS 85
    Sensores 85
    Lógicas de Resolução.. 86
    Interfaces de Elementos Finais 87
    Elementos Finais 87
Apêndice H – Exemplos de Critérios de Risco 88
Apêndice I – Referências 96

Introdução

Os Sistemas Instrumentados de Segurança (SIS) são as salvaguardas técnicas mais adaptáveis e uma das mais usadas atualmente nas plantas de processo. O projeto do SIS, em conformidade com a prática corrente, é um processo baseado em risco, no qual a seleção do equipamento, a manutenção associada a este e os procedimentos de teste são moldados às necessidades específicas de cada aplicação. Esta abordagem baseada em risco produz concepções melhores, que proporcionam a necessária redução de risco e ao mesmo tempo minimizam os custos.

Projetar um SIS tornou-se um processo mais complexo face à necessidade de compreensão mais ampla que a instrumentação tradicional ou a engenharia de controle. Adicionalmente aos conceitos básicos, o projeto do SIS requer habilidade na análise dos riscos do processo sob controle (o que requer necessariamente uma compreensão do processo), de forma a estabelecer objetivos de projeto, bem como também requer especialização em engenharia de confiabilidade, para assegurar que os objetivos estabelecidos sejam alcançados.

O objetivo deste livro é fornecer uma visão geral do Ciclo de Vida da Segurança, o qual é usado para projetar o SIS, assim como prover informações gerais que vão auxiliar na execução das tarefas que são definidas pelo Ciclo de Vida da Segurança. Isso inclui tabelas de dados, equações, listas de siglas, definições e explicações para a utilização destes recursos.

Por que o SIS é necessário?

Unidades de processo geram valor através da transformação de matérias-primas em produtos com maior valor agregado. Os processos utilizados para realizar esta conversão frequentemente criam condições de risco que podem resultar em consequências significativas se os processos não forem adequadamente controlados. Estas condições incluem:

- Materiais inflamáveis
- Materiais tóxicos
- Altas pressões
- Altas Temperaturas

Os riscos criados nas unidades de processo são controlados por uma combinação de:

- Controles Administrativos
- Salvaguardas Técnicas

Um Sistema Instrumentado de Segurança (SIS) é uma forma de salvaguardas utilizada no processamento de petróleo ou produtos químicos, para reduzir o risco a níveis aceitáveis. É um sistema de limitação e controle tecnicamente desenvolvido, que tanto pode ser classificado como Salvaguarda Técnica, assim como Controle Administrativo, para alcançar um resultado geral de salvaguardas que reduzam os riscos a um nível tolerável.

Sistemas Instrumentados de Segurança são comumente usados em aplicações de parada de emergência, sistemas de controle de combustão (caldeiras e outros tipos queimadores), sistemas de proteção de alta integridade contra sobre-pressão (HIPPS – High Integrity Pressure Protection Systems) nas indústrias de petróleo ou químicas, bem como em outras aplicações industriais específicas.

O que é um SIS?

O Sistema Instrumentado de Segurança é um sistema de instrumentação e controle que detecta condições de processo descontroladas, e automaticamente atua para retornar o processo a uma situação segura. É a última linha, ou quase a última linha, de defesa contra uma condição de perigo no processo químico, porém não faz parte do Sistema Básico de Controle de Processo. Ser uma linha de defesa é o que diferencia um Sistema Instrumentado de Segurança de um Sistema Básico de Controle de Processo, este último utilizado para o controle e regulação "normal" do processo.

A figura 1 ilustra como o Sistema Instrumentado de Segurança (SIS) é distinto do Sistema Básico de Controle de Processos, ou o SBCP. Neste exemplo: o aumento da pressão é um risco potencial. O controle regulador da pressão é, em condições normais, realizado pela malha de controle, que é mostrada como SBCP, que vai atuar modulando a válvula de controle de pressão. Para o desligamento emergencial, em caso de alta-pressão, uma função independente é implementada em um SIS. Esta função é considerada independente na medida em que os componentes utilizados no SIS são separados, fisicamente e funcionalmente, dos componentes do SBCP; aí incluídos o sensor, a lógica de resolução, bem como o elemento final de controle. De forma a salvaguardar que qualquer situação possa vir a resultar em uma condição fora de controle dos parâmetros de controle de processo do SBCP, o SIS deve ser, física e operacionalmente, diverso do SBCP, independentemente da função do SBCP.

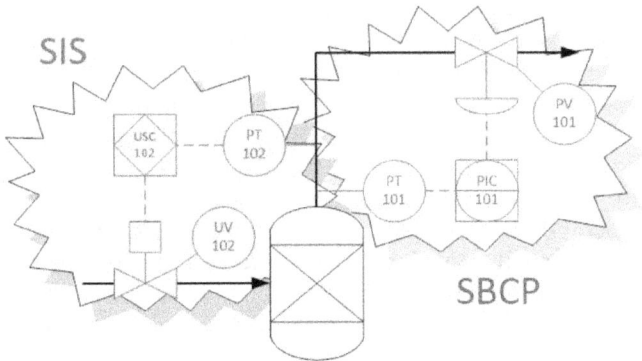

Figura 1 – SIS versus BPCS

O SIS contempla três tipos de componentes: os sensores, os agentes de resolução lógica e os elementos finais de controle. Juntos, esses componentes formam o Sistema Instrumentado de Segurança, que detecta as condições anormais do processo, retornando automaticamente o processo a uma condição segura, independentemente do funcionamento do Sistema Básico de Controle de Processo. Para tanto, o SIS pode incluir sistemas configuráveis (CLP) ou arranjos de configuração fixa (relés).

Normalização e Regulamentação

Nos Estados Unidos da América os requisitos legais para os Sistemas Instrumentados de Segurança foram extraídos de uma variedade de regulamentações sobre a gestão de segurança de processos, bem como da legislação que serviu como base para estas regulamentações. Embora a elaboração original deste manual tenha sido orientada para os EUA, entendemos que uma abordagem similar é utilizada na maioria das outras regiões do mundo.

A regulamentação exige a conformidade com as boas práticas de engenharia, reconhecidas e geralmente aceitas, na utilização de sistemas críticos de segurança, incluindo o SIS.

A exigência da regulamentação das boas práticas reconhecidas e geralmente aceitas de engenharia, visa assegurar que as instalações industriais estão em conformidade com as normas de funcionamento, tais como foram definidas para esse tipo de indústria. As regulamentações e procedimentos aplicáveis aos Sistemas Instrumentados de Segurança tiveram origem no final dos anos 1980, quando os regulamentadores para a indústria, incluindo a Administração de Saúde e Segurança Ocupacional (OSHA) e a Agência de Proteção Ambiental (EPA) dos EUA, concluíram que o desempenho da indústria, com relação à prevenção dos principais perigos e riscos das indústrias de processo, estava inadequado. Tal constatação deu origem à elaboração pela OSHA da "Norma de Gestão de Segurança de Processos", divulgada em 1992 no Código de Regulamentações Federais (CFR) dos EUA, como 29 CFR 1910.119. Em 1996, a EPA divulgou o seu "Programa de Prevenção Acidental de Emissões", como o 40 CFR Part 68, que também é conhecido como "Programa de Gestão de Riscos"; sendo este bastante similar, nos seus requisitos, à Norma de Gestão de Segurança de Processos da OSHA.

Respondendo às implicações destas regulamentações a ISA (International Society of Automation) e a IEC (Comissão Elétrica Internacional) desenvolveram normas e procedimentos industriais, para os sistemas críticos de controle e segurança, de forma a fornecer orientações adicionais de como cumprir e estar em conformidade com as regulamentações de gestão de segurança de processos da OSHA e da EPA.

(!) Comentário adicionado pelos tradutores.

Dentre as normas mencionadas acima estão a ANSI/ISA-84.00.01 e a IEC 61511 (Safety Instrumented Systems for the Process Industry Sector), que são absolutamente similares. A ABNT optou pela adoção da IEC 61511 e a previsão inicial era de que até o final de 2012 a norma estivesse totalmente traduzida e disponível para consulta pública. Até a data desta publicação não temos conhecimento de nova previsão.

Algumas empresas brasileiras estabeleceram normas internas sobre o tema, exemplo: Petrobras N-2595 "Critérios de Projeto, Operação e

Manutenção de Sistemas Instrumentados de Segurança em Unidades Industriais"; a qual está disponível para consulta pública.

A legislação brasileira prescreve o uso de: "Boas Práticas Reconhecidas de Engenharia e Geralmente Aceitas", das quais as menções acima fazem parte.

Por que novas normas de SIS?

Como anteriormente mencionado, as regulamentações relativas à segurança dos processos surgiram devido à percepção da utilização inadequada das políticas e procedimentos de segurança nas indústrias de processo. Várias das análises, nas investigações sobre grandes acidentes nas indústrias de petróleo e processos químicos, identificaram a falta de Segurança Operacional, como uma das principais causas para a perda de vidas, danos materiais e a incidência de perdas de produção. A revisão do histórico dos acidentes, nos quais a falha do SIS foi comprometedora, remete a vários pontos em comum:

- Repetidamente, o SIS não havia sido instalado em situações que poderiam ter identificado previamente que a segurança deveria ser automatizada. Efetivamente, em muitas destas ocorrências, nenhuma análise para identificar os riscos decorrentes do processo havia sido realizada.

- Em alguns casos, um processo inadequado foi utilizado para determinar quando a segurança deveria ser automatizada, ao invés de ter sido deixada à uma outra alternativa. Isto incluiu interpretar: se a intervenção do operador ou a atuação do Sistema Básico de Controle de Processo é adequada, ou existe a necessidade de implementação de um sistema instrumentado independente e dedicado à segurança.

- O histórico dos acidentes também aponta para a seleção "questionável" de equipamentos, como uma outra causa para a perda de segurança operacional, resultando em perdas e acidentes graves.

- A falta de redundância e de recursos de diagnóstico do SIS, configura uma outra falha frequente.

- Métodos de teste inadequados e a inadequada determinação da frequência dos testes funcionais, também foram identificados como causa em várias das ocorrências relacionadas à ausência de segurança operacional, bem como procedimentos impróprios de rejeição (by-pass) ou procedimentos da escolha alternativa de equipamentos.

Estas causas indicam a necessidade de que sejam usados procedimentos melhores, de forma a assegurar que a gestão das seguranças funcionais seja alcançada. As implicações no projeto de Sistemas Instrumentados de Segurança, decorrentes das informações sobre os acidentes, estão listadas abaixo e incorporadas à norma para projeto e implementação de SIS IEC 61511 (ISA 84.00.01).

> A opção entre usar alarmes e ação dos operadores versus a utilização de um desligamento automático, através de um SIS, deve obedecer a um critério específico de seleção, que considere a ação manual como insuficiente quando limites operacionais, pré-definidos como seguros, forem ultrapassados.

> Também é importante reconhecer que, a fim de evitar maiores perigos, uma estratégia de defesa mais profunda, considerando várias camadas independentes de proteção ou salvaguardas, faz-se necessária para prevenir acidentes graves. Isto é ressaltado, dado que em alguns casos as salvaguardas podem falhar resultando em maior dependência do SIS.

> Também distinguimos que a especificação inadequada do SIS é muitas vezes a causa fundamental de acidentes onde a segurança funcional foi insuficiente. Isto inclui a especificação de componentes, a arquitetura do sistema, o teste de diagnóstico, bem como testes de funcionamento comprovado.

> Em muitos casos, as informações sobre acidentes mostram que a sobreposição ou a obstrução de um sistema crítico de segurança também contribuí significativamente para as situações de acidentes.

Em resposta a estes fatores, bem como a outras orientações da indústria, a ISA e a IEC desenvolveram a norma para o SIS que contempla a maioria destas causas. Esta norma estabelece um "Ciclo de Vida da Segurança" como base para desenvolvimento da segurança funcional. O Ciclo de Vida da Segurança inclui sua identificação, projeto, testes, manutenção e a gestão de modificações. Caracteriza-se por uma abordagem ampla da salvaguarda técnica (do princípio ao fim de sua existência) que aborda os problemas fundamentais que podem ocorrer em um Sistema Instrumentado de Segurança, ao longo de qualquer das etapas de desenvolvimento, projeto, operação, manutenção, alterações e desativação.

Nos EUA a OSHA exige que as instalações industriais abrangidas pela Regulamentação de Gestão de Segurança de Processo, estejam em conformidade com as boas práticas de engenharia reconhecidas e geralmente aceitas. A ISA, em 1999, formalmente questionou a OSHA quanto à adequação da sua prática recomendada ISA 84.00.01 (IEC 61511) para os Sistemas Instrumentados de Segurança, quanto à sua conformidade com os requisitos da OSHA na Gestão de Segurança de Processo. Na resposta a OSHA mencionou: que a prática recomendada pela ISA, constitui um exemplo de conformidade com os requisitos mecânicos de integridade para os controles críticos de segurança e sistemas de desligamento automático. Em complemento, a OSHA também mencionou que este é apenas um exemplo de prática - não a única forma – para que uma empresa esteja em conformidade com as normas de gerenciamento de segurança de processo, quanto à integridade mecânica, bem como quanto às informações de segurança do processo. Desde então, a maioria das indústrias de processos tem aquiescido que o "Ciclo de Vida da Segurança", descrito na IEC 61511 (ISA 84.00.01), constitui a metodologia ideal para gerenciar o projeto e a implementação dos Sistemas Instrumentados de Segurança.

Quais os requisitos desta norma?

Ao contrário de outros procedimentos ou práticas em uso antes do lançamento da IEC 61511 (ISA 84.00.01), este procedimento não fornece um conjunto de regras que definem, em detalhes, como um sistema deve ser projetado. Em vez disso, ele apresenta um conjunto de informações para permitir que cada usuário, individualmente, determine aquilo que é apropriado para a sua situação específica. Trata-se de uma abordagem baseada no desempenho do SIS, ao invés de uma abordagem determinativa. Em outras palavras, o procedimento não é orientado à determinação sobre: quais os tipos de componentes, quais os tipos de arquiteturas, quais os tipos de testes de diagnóstico, com que frequência e quais devem ser os testes funcionais de um Sistema Instrumentado de Segurança. Alternativamente, o procedimento faz uma abordagem voltada ao desempenho ou à definição de metas. Em resumo, os usuários devem identificar o grau de desempenho adequado para uma dada função do Sistema Instrumentado de Segurança e projetar o sistema de forma a atingir este nível de desempenho.

O procedimento estabelece o ciclo de vida da Segurança, com várias etapas que devem ser seguidas, para estabelecer uma abordagem "do princípio ao fim da existência", na gestão funcional das seguranças. O procedimento requer a identificação e obtenção do nível de desempenho requerido. Esse nível de desempenho requerido é o Nível de Integridade da Segurança (SIL – Safety Integrity Level), o qual é determinado utilizando as abordagens baseadas nos riscos, para cada Função Instrumentada de Segurança no SIS. O SIL constitui a métrica fundamental para todas as demais decisões subsequentes, no que concerne ao projeto do SIS.

Os comitês normativos (IEC e ISA) e os órgãos governamentais regulamentadores (por exemplo a OSHA nos EUA) geralmente assentem quanto à consideração de um equipamento existente versus um novo projeto de engenharia. Um projeto novo deve atender os padrões de engenharia reconhecidos e geralmente aceitos, incluindo a IEC 61511. No entanto, equipamentos já existentes podem ser tratados de forma ligeiramente diferente, dependendo de como cada empresa decida lidar com a abordagem quanto à conformidade dos equipamentos existentes. A aceitação dos equipamentos existentes é permitida nos EUA, conforme o Procedimento de Gestão de Segurança de Processo da OSHA, sendo também aceita na versão ISA 84.00.01 da versão IEC 61511 da norma do SIS. A norma estabelece: "Para os sistemas existentes, projetados e construídos de acordo com procedimentos, normas ou práticas estabelecidas antes da emissão desta norma, o proprietário e/ou operador do sistema deve determinar se os equipamentos foram projetados, mantidos, inspecionados, testados e são operados de forma segura". Em outras palavras, a norma não determina que equipamentos antigos, projetados em conformidade com especificações anteriores, devam estar em pleno acordo com o padrão atual de SIS; no entanto, deve existir um "sistema" para a verificação de que os equipamentos foram projetados, à sua época, em conformidade com os padrões de segurança vigentes, sendo assim operados, testados, inspecionados e mantidos. Vale ressaltar que a "aceitabilidade" do padrão anterior, pode variar em função do tipo da aplicação do SIS.

O Ciclo de Vida da Segurança

A Figura 2 mostra o Ciclo de Vida do SIS como idealizado na IEC 61511 (ISA 84.00.01). O Ciclo de Vida da Segurança inclui uma série de etapas específicas que se iniciam no projeto, passando pela operação, manutenção, testes e chegam até à desativação, de forma a contemplar a segurança ao longo da vida de um Sistema de Instrumento de Segurança nas indústrias de processo.

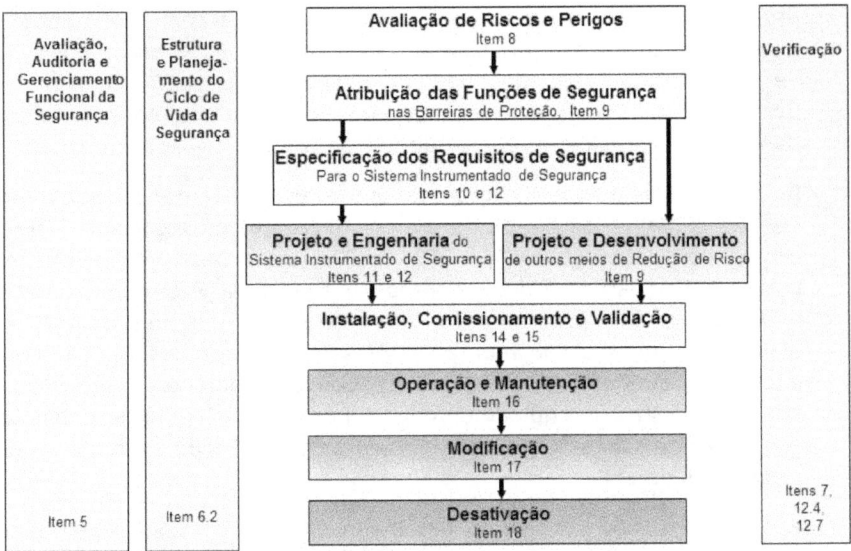

Figura 2 – IEC 61511 Ciclo de Vida da Segurança

O primeiro passo no Ciclo de Vida da Segurança é a "Avaliação de Riscos e Perigos". A premissa deste passo é que, para projetar adequadamente um Sistema Instrumentado de Segurança, devemos compreender inteiramente os riscos e perigos aos quais este sistema de salvaguarda se destina a proteger. A falha na compreensão adequada destes riscos, pode fazer com que o sistema seja inadequadamente projetado quanto ao tipo de componentes usados, quanto à sua forma de redundância ou quanto à arquitetura selecionada, ademais de outros fatores pertinentes ao projeto de engenharia do SIS.

A etapa seguinte, "Atribuição das Funções de Segurança", envolve a atribuição de níveis determinados de integridade para cada uma das salvaguardas que serão utilizadas no processo, incluindo as funções instrumentadas de segurança e as funções não instrumentadas, de forma a contemplar o grau de segurança aceitável para a empresa responsável pela operação deste processo.

O terceiro passo no Ciclo de Vida da Segurança é a "Especificação dos Requisitos de Segurança". Esta é uma etapa importante para se obter a funcionalidade geral da segurança. Na fase do projeto conceitual de um processo, deve-se garantir que os requisitos de segurança sejam adequadamente especificados antes de prosseguir para as demais etapas do ciclo de desenvolvimento do projeto de engenharia, aí considerados o projeto executivo, a construção, a montagem e o comissionamento. É nesta etapa onde os objetivos e os meios para atingir estes objetivos são definidos. Uma vez concluída, a Especificação dos Requisitos de Segurança (SRS – Safety Requirements Specifications) constitui a base para todas as atividades subsequentes de projeto e validação.

As etapas após a Especificação dos Requisitos de Segurança (que muitas vezes são realizadas em paralelo e por diferentes grupos) são: "Projeto Detalhado de Engenharia" do SIS e o "Projeto e Desenvolvimento" das outras salvaguardas independentes do SIS. Esta é a etapa onde as informações da Especificação dos Requisitos de Segurança são elaboradas em uma documentação mais detalhada, que será usada para a compra, configuração e instalação dos equipamentos. Isso inclui a criação de listas de equipamentos, plantas de localização de gabinetes, esquemas de cabeamento interno, diagramas de fiação e interconexão e programas de CLP.

Após a conclusão do projeto detalhado do SIS, o passo seguinte é a "Instalação, Comissionamento e Validação" do Sistema Instrumentado de Segurança. Esta etapa envolve testes de aceitação em fábrica (FAT – Factory Acceptance Tests), instalação física da lógica de resolução do SIS (por ex.: CLP) e de toda a instrumentação de campo, comissionamento desses equipamentos e uma fase de validação que vai incluir o teste de aceitação no site (SAT – Site Acecptance Test) e o teste de aceitação na pré-partida (PSAT – Pre-Startup Acceptance Test).

Uma vez que o SIS esteja instalado e operacional, uma nova etapa do ciclo de vida da segurança tem início com a passagem, pela equipe de projeto, da responsabilidade pelos equipamentos às equipes de operação e manutenção. A "Operação e Manutenção" envolve a rotina de interação no dia a dia com um sistema em funcionamento. Nesta fase o pessoal de operação responderá aos alarmes produzidos pelo sistema utilizando os procedimentos elaborados para esse propósito. Além disso, a manutenção fará o reparo do sistema quando da ocorrência de falhas como também realizará os testes periódicos de funcionamento, para garantir o funcionamento apropriado do sistema.

As atividades de "Modificação" e "Desativação" são similares em sua natureza. Se ocorrerem alterações no SIS ou no processo sob o seu controle, ações devem ser tomadas de forma a que o SIS não tenha a sua capacidade de redução de risco comprometida. Ao longo desta fase, aplicam-se os requisitos da Gestão de Modificações (MOC – Management of Change) para garantir que quaisquer alterações feitas no processo ou no sistema, não previstas na Especificação dos Requisitos de Segurança, serão adequadamente analisadas quanto a possíveis perigos antes da efetiva implementação da modificação. A "desativação" caracteriza um caso particular de modificação, na qual deve ser realizada a avaliação do seu impacto quanto à continuidade em operação dos demais equipamentos.

Em complemento, existem três outras atividades no Ciclo de Vida da Segurança que devem ser realizadas ao longo de todo o período de vida de um SIS. Estas são: "Avaliação, Auditoria e Gerenciamento Funcional da Segurança", "Estrutura e Planejamento do Ciclo de Vida da Segurança" e "Verificação". Para a implementação efetiva de um projeto de segurança, a gestão do processo como um todo é muito importante. Atividades de gestão, tais como a atribuição de serviços a prestadores de serviço qualificados, podem influenciar a qualidade do projeto e, portanto, procedimentos específicos para estas atividades foram estabelecidos. A norma recomenda que seja verificado, ao longo de todas as etapas da existência do sistema, que os objetivos do Ciclo de Vida da Segurança estejam sendo atendidos e estejam consistentes com este Ciclo de Vida da Segurança.

A Kenexis elaborou uma representação simplificada do ciclo de vida típico de um projeto de SIS, a qual acreditamos seja mais representativa quanto à etapas atualmente desenvolvidas no projeto de um Sistema Instrumentado de Segurança. Este ciclo de vida é mostrado na Figura 3.

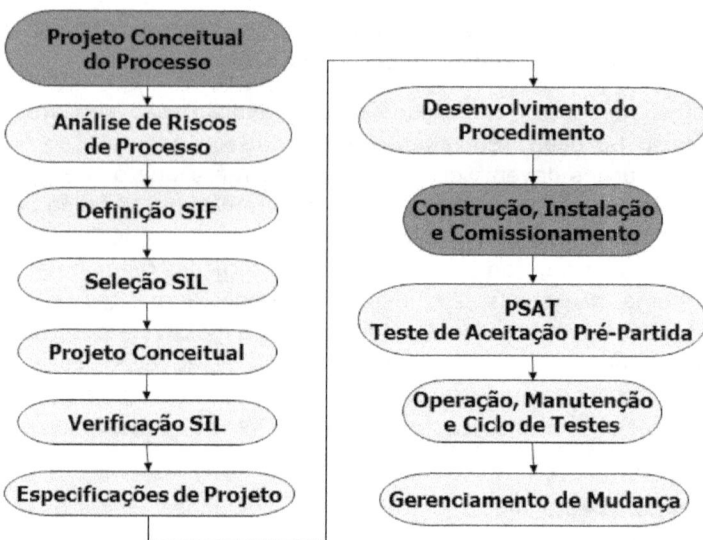

Figura 3 – Ciclo de Vida da Segurança (Kenexis)

Neste fluxograma as etapas são mais específicas, comparando com o que é apresentado na norma e, assim, podem funcionar mais efetivamente como roteiro para o desenvolvimento de um projeto de SIS, em complemento ã IEC 61511.

Projeto Conceitual do Processo

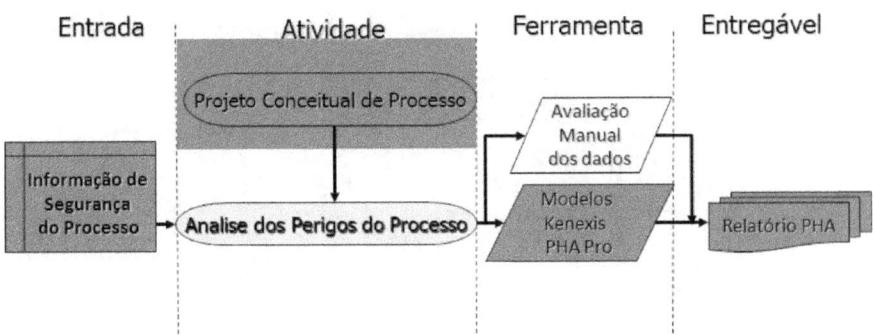

O Projeto Conceitual de Processo é o ponto de partida do Ciclo de Vida da Segurança. Embora seja mencionado como uma das etapas da IEC 61511, frequentemente é considerado (erroneamente) como fora do escopo dos Sistemas Instrumentados de Segurança. Esta etapa está incluída no Ciclo de Vida da Segurança como uma referência para atividades que direcionam à aplicação da norma, da qual são obtidas informações iniciais para o desenvolvimento inicial do Ciclo de Vida da Segurança; no entanto, a norma não estabelece requisitos específicos para o Projeto Conceitual de Processos.

Os projetos conceituais de processo são desenvolvidos tanto pelas próprias empresas operadoras, como podem ser licenciados por empresas especializadas no desenvolvimento de processos. O projeto conceitual de processo, usualmente, terá como resultado um conjunto de documentos que vão constituir a documentação de referência para as etapas de engenharia subsequentes; bem como serão a base da Informação de Segurança do Processo (PSI – Process Safety Information), as quais serão usadas como informações iniciais para a análise de riscos e perigos do processo. A Informação de Segurança do Processo inclui documentos como os fluxogramas de Engenharia (P&IDs), balanços de massa e energia, diagramas de bloco, fluxogramas de processo e descritivos dos limites seguros de operação.

Análise de Riscos e Perigos do Processo

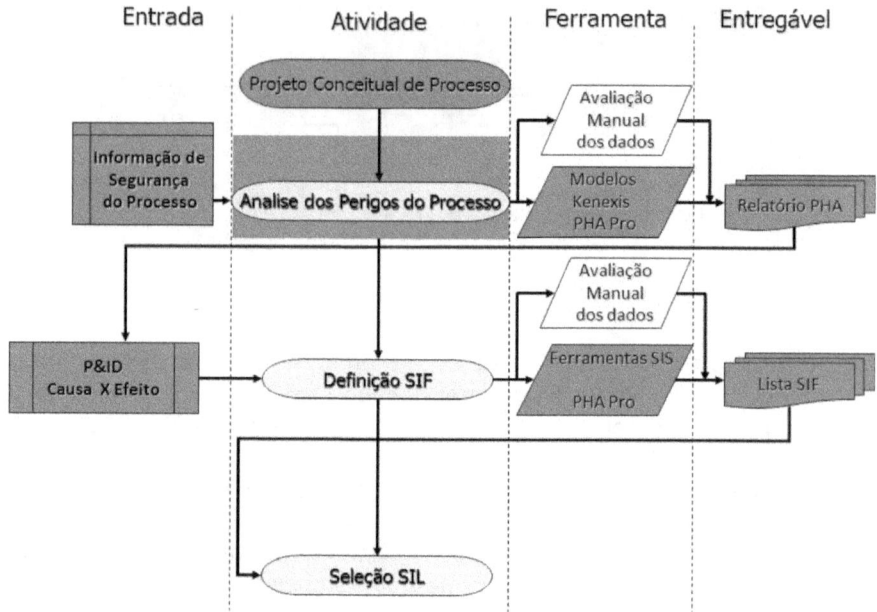

A Análise de Perigos do Processo (PHA – Process Hazards Analysis) é uma avaliação qualitativa destes perigos, realizada por uma equipe multidisciplinar. Não é um conceito novo. A Análise de Perigos do Processo vem sendo usada na indústria há mais de 15 anos. A regulamentação de gerenciamento de segurança do processo da OSHA, implementada em 1992, fez com que a Análise de Perigos do Processo se tornasse preponderante, embora a maioria das metodologias de Análise de Perigos do Processo tenham sido desenvolvidas e implementadas anteriormente.

As entradas para esta etapa do Ciclo de Vida da Segurança incluem Informações de Segurança do Processo, como os Diagramas de Fluxo de Processo, Fluxogramas de Engenharia (P&IDs) e quaisquer outras documentações necessárias para analisar possíveis desvios da operação normal do processo. A Análise dos Perigos do Processo envolve a análise desses desvios das condições do projeto e a determinação se estes desvios podem resultar em um perigo real. Caso positivo, as consequências desses perigos devem ser identificadas, bem como as existentes salvaguardas para prevenção desses perigos também devem ser identificadas. Na sequência, a avaliação qualitativa do risco deve ser feita pela equipe de Análise de Perigos do Processo, em geral utilizando diretrizes e critérios de risco da própria empresa operadora, por exemplo: uma matriz de risco. Se as salvaguardas existentes não forem consideradas adequadas, a equipe da Análise dos Perigos do Processo deve fazer as recomendações para reduzir ou eliminar os perigos e/ou incrementar as salvaguardas. O resultado desta etapa é um relatório de Análise de Perigos do Processo que identifica os riscos do processo, o qual será usado na próxima etapa do ciclo de desenvolvimento da engenharia do SIS.

No que concerne à engenharia do SIS, o principal objetivo da Análise dos Perigos do Processo é identificar as salvaguardas necessárias para reduzir o risco do processo e contemplar quais os perigos que essas salvaguardas vão proteger. A Análise dos Perigos do Processo é tipicamente considerada como analise formal, tal como a elaboração do "Estudo de Riscos e Operabilidade" (HAZOP – Hazards and Operability Study) cujos resultados são simplesmente documentados em um relatório. Ao contrário, a Análise dos Perigos do Processo deve ser elaborada e considerada como uma série de análises e estudos de engenharia que vão resultar nas recomendações para a adoção de potenciais salvaguardas adicionais. Estas atividades devem incluir:

- O aprofundamento na análise do "conjunto" de documentos fornecidos por provedores de tecnologia e/ou empresas de engenharia;
- Revisão dos critérios e normas de projeto, bem como das Boas Práticas de Engenharia Reconhecidas e Geralmente Aceitas, inclusive para os itens de equipamentos específicos;
- Estudos preliminares de avaliação dos riscos e perigos (APRP – Análise Preliminar de Riscos e Perigos)
- Bases de projeto para os sistemas de alívio;
- Estudos de Racionalização de Alarmes;
- Teste e análises de reatividade química;
- Estudo formal dos Riscos e Operabilidade (por exemplo: HAZOP)

O projeto preliminar de um processo raramente é desenvolvido (e muito erroneamente o seria) a partir do zero. O mais comum é que o projeto preliminar tome como referência conhecimentos e/ou tecnologias já comprovadas e usadas. É comum a existência, a partir de empresas licenciadoras, de pacotes para o projeto de processos que contêm informações importantes sobre os perigos e principais salvaguardas. Esses pacotes de licenciadores identificam as funções instrumentadas de segurança que foram incluídas, pelos licenciadores do processo, com base em experiências anteriores com o projeto e operação dessa tecnologia de processo. Além disso, a maioria das unidades de processo inclui uma grande quantidade de equipamentos semelhantes que requerem proteção através de SIS; isto inclui bombas, compressores, reatores e equipamentos com combustão. Em muitos casos, estes equipamentos foram projetados e protegidos de acordo com os padrões específicos para o equipamento, tais como as normas da Associação Nacional de Proteção contra Incêndios (NFPA – National Fire Protection Association) para equipamentos com combustão, inclusive caldeiras, bem como as práticas recomendadas pelo Instituto Americano de Petróleo (API – American Petroleum Institute) para o projeto de equipamentos com combustão, compressores e outros equipamentos rotativos.

Outras bases de projeto para as salvaguardas técnicas também podem fornecer referências para os requisitos dos sistemas instrumentados de segurança. Estudos como bases de projeto para sistemas de alívio, estudos para gerenciamento de alarmes ou estudos de reatividade química, frequentemente resultam em recomendações para o SIS, especialmente quando outras formas de salvaguardas são consideradas inadequadas ou menos eficazes do que a utilização do SIS.

As atividades tradicionalmente consideradas para a Análise de Perigos do Processo são: essencialmente técnicas de discussão estruturada de ideias (brainstorming estruturado), onde um facilitador treinado provoca um grupo de especialistas a discutirem os perigos potenciais do processo, conduzindo à discussão com sugestões elaboradas: de forma a estimular o pensamento. Por exemplo: em um HAZOP as sugestões são relativas aos desvios das condições de projeto, para uma seção específica do processo, tal como a redução de fluxo ou aumento do nível. Os estudos formais de Análise dos Perigos do Processo são tipicamente realizados ao longo de várias etapas do ciclo de vida de uma unidade de processo. Em muitos casos, os estudos iniciais são realizados usando técnicas mais simples (por exemplo: listas de verificação e Identificação de Perigos (HAZID - Hazard Identification), sendo posteriormente usados métodos mais detalhados como o HAZOP. Ao final da Análise dos Perigos do Processo, as partes mais importantes das salvaguardas técnicas já terão sido relacionadas na documentação de projeto e a Análise dos Perigos do Processo simplesmente fará a função de verificação final de conformidade do projeto.

Com relação ao ciclo de vida do SIS, é importante que a seleção do objetivo de SIL seja consistente com os estudos de Análise dos Perigos do Processo realizados. Além disso, as informações fornecidas nestes estudos podem fornecer orientações e ajuda valiosa na seleção do SIL.

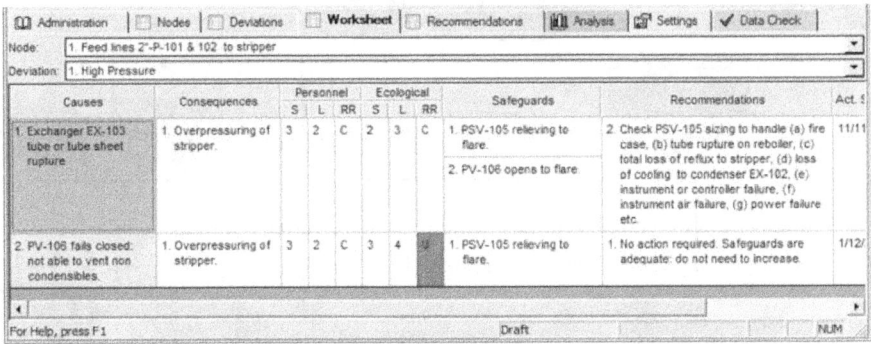

Figura 4 – Relatório Típico de um estudo HAZOP

A Figura 4 apresenta um relatório típico de uma Análise dos Perigos do Processo do tipo HAZOP. Este tipo de relatório deve ser estudado minuciosamente para destacar as informações que irão auxiliar na determinação do objetivo do SIL. Por exemplo: para os cenários listados como perigos, estes usualmente têm a si atribuídas categorias de consequências, as causas podem geralmente ser usadas como eventos iniciais e as salvaguardas podem ser consideradas como as camadas independentes de proteção. Além disso, as recomendações da Análise d0s Perigos do Processo podem identificar a necessidade de Funções Instrumentadas de Segurança adicionais, que não foram identificados por análises prévias.

Em resumo, esta etapa no ciclo de vida da segurança não deve ser considerada como a realização de uma "Análise de Perigos do Processo tradicional", mas sim uma série abrangente de atividades para identificar e compreender os riscos que requerem salvaguardas técnicas pelo SIS.

Definição da SIF ("Safety Instrumented Function")

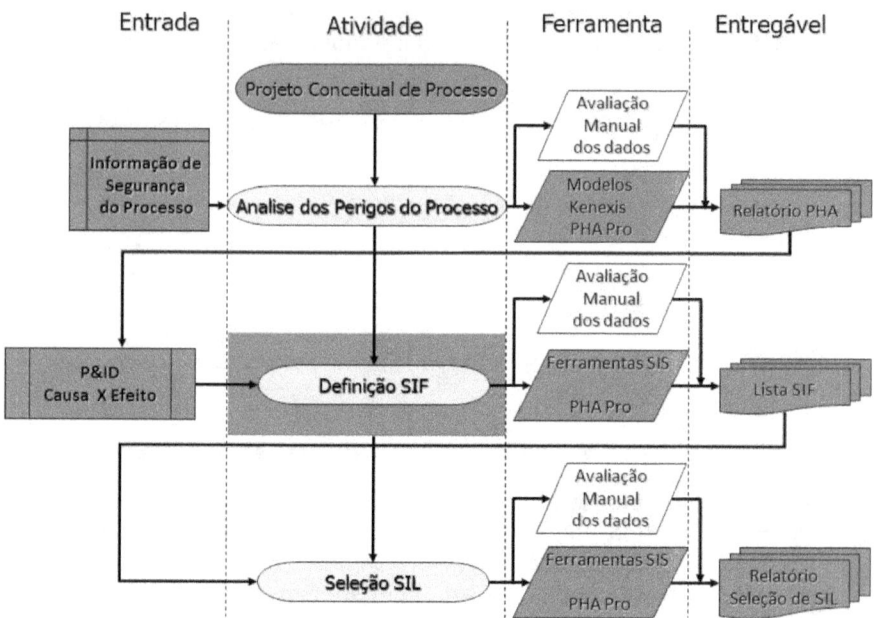

A definição das Funções Instrumentadas de Segurança (SIF – Safety Instrumented Function) é uma atividade crítica dentro do ciclo de vida do SIS e pode, como resultado de equívocos comuns sobre o que constitui uma Função Instrumentada de Segurança, ser a origem de vários erros no projeto do SIS. A definição da SIF requer uma compreensão adequada dos perigos associados ao processo químico e aos instrumentos específicos que serão utilizados para fazer a proteção contra esses perigos. As Funções Instrumentadas de Segurança têm como objetivo fazer a proteção contra perigos específicos e identificáveis, ao contrário de atuar sobre perigos genéricos tal como explosões em sistemas de combustão.

O resultado da etapa "Definição da SIF" é a lista das Funções Instrumentadas de Segurança. Uma lista de SIF é uma compilação das funções que devem ser implementadas no conjunto de um Sistema Instrumentado de Segurança, que pode incluir várias Funções instrumentadas de Segurança dentro do mesmo equipamento de Resolução Lógica usando componentes similares ou idênticos, tais como sensores e elementos finais. Alguns componentes podem ser usados em múltiplas Funções Instrumentadas de Segurança, conforme mostrado na Figura 5.

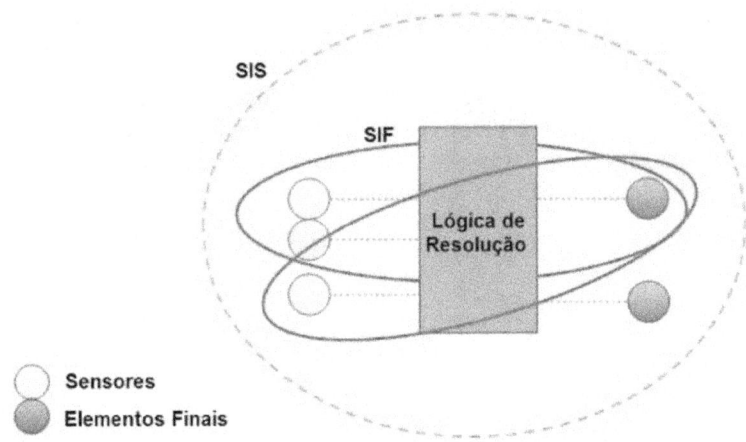

Figura 5 – SIF versus SIS

O objetivo da definição da SIF é criar uma lista de todas as funções que precisam ser analisadas nas etapas restantes do Ciclo de Vida da Segurança, incluindo a seleção do Nível de Integridade da Segurança (SIL- Safety Integrity Level), Especificação dos Requisitos da Segurança, Desenvolvimento do Procedimento para o Teste Funcional e assim subsequentemente. As Funções Instrumentadas de Segurança são identificadas individualmente com relação ao perigo que se destinam a proteger, ao contrário de considerar apenas a funcionalidade desempenhada pela SIF. Portanto, é imperativo que esta etapa seja executada adequadamente, com as devidas considerações quanto aos perigos envolvidos no processo, bem como os instrumentos e equipamentos que serão utilizados para detectar e acionar as medidas corretivas, sempre e quando as condições do perigo sejam identificadas.

A identificação das Funções Instrumentadas de Segurança é realizada utilizando uma variedade de documentos de projeto, incluindo: os Diagramas de Causa e Efeito e os Fluxogramas de Engenharia. A Lista das SIF é a lista de todas as funções que precisam ser analisadas. Cada SIF terá o seu próprio Nível de Integridade da Segurança, individualmente atribuído, o qual representa a redução de risco necessária para mitigação do perigo específico associado a esta Função Instrumentada de Segurança. O Nível de integridade da Segurança estabelece os requisitos e define o desempenho requerido desta função, quanto à sua capacidade de operar em conformidade com os objetivos de risco definidos como aceitáveis pela empresa operadora do processo.

A Figura 6 mostra uma lista típica de SIF, usando como exemplo uma lista do conjunto básico de ferramentas da Kenexis para o projeto de SIS (Kenexis SIS Design Basis Toolkit ™). Como mencionado, esta lista contempla de forma ampla as definições das SIF.

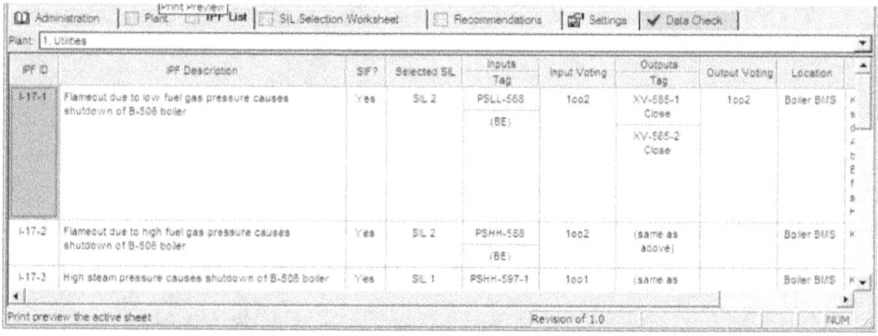

Figura 6 – Lista típica das SIF

Para cada Função Instrumentada de Segurança, é atribuída uma descrição que define o objetivo da função e qual a sua ação necessária para levar o processo à condição segura. Todas as entradas críticas de segurança são listadas, em particular todas aquelas relacionadas aos sensores capazes de especificamente identificar a necessidade de prevenção aos perigos. As saídas críticas de segurança são listadas, ou seja: são mencionadas todas as saídas, necessárias e suficientes, para levar o processo à um estado seguro. Esta é uma abordagem bastante diferente quanto a apenas limitar-se a listar as saídas que são ativadas em função do diagrama causa e efeito. Complementarmente à listagem dos equipamentos, informações relativas aos sistemas de votação para a prevenção dos perigos também são mencionadas.

A Lista das Funções Instrumentadas de Segurança deve definir cada SIF de forma completa, incluindo:

- Descrição do objetivo da SIF
- Identificação dos dispositivos de entrada (input TAG Names)
- Esquema de votação da entrada
- Identificação dos dispositivos de saída (Output TAG Names)

- Esquema de Votação de saída
- Localização da Lógica de Resolução da SIF

Informações adicionais, tais como: roteiros para bloqueio/desbloqueio "by-pass" dos Intertravamentos, números/identificadores dos fluxogramas de engenharia e dos diagramas complementares, bem como das notas de engenharia, também podem ser incluídos para fins de complementação da documentação.

Seleção do Nível de Integridade da Segurança

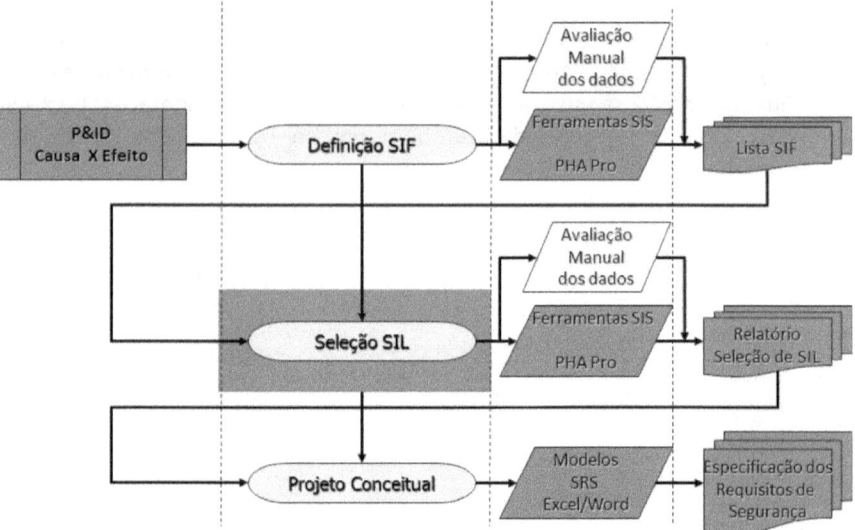

A Seleção do Nível de Integridade da Segurança (SIL – Safety Integrity Level) é levada a efeito, depois que todas as funções consideradas no escopo da análise, já tenham sido definidas na lista das Funções Instrumentadas de Segurança (Lista das SIF). Nesta etapa, as Funções Instrumentadas de Segurança são analisadas individualmente, identificando os perigos que lhe são associados e selecionando o Nível de Integridade da Segurança apropriado, para operar dentro do limite mínimo desejado de tolerância ao risco. É importante ressaltar que a finalidade da Seleção do SIL tem como objetivo definir o critério de desempenho da Função Instrumentada de Segurança; ao contrário de orientar quanto ao tipo de SIF, a análise visa estabelecer qual a necessária redução de risco deve ser provida por cada uma das Funções Instrumentadas de Segurança.

Definindo o Nível de Integridade da Segurança

De acordo com a sua definição na IEC 61511 (ISA 84.00.01) o Nível de Integridade da Segurança (SIL – Safety Integrity Level) são "faixas" com ordens de magnitude da Probabilidade média de Falha sob Demanda (PFDavg - Probability of Fail on Demand average). Esta dPFDavg também representa a quantidade de redução de risco que uma função instrumentada de segurança pode fornecer. Os intervalos para cada um dos quatro níveis de SIL definidos na norma são mostrados na Figura 7. Além de mostrar o SIL em termos de PFDavg, também são apresentados a Disponibilidade da Segurança e o Fator de Redução de Risco. A Disponibilidade da segurança é o complemento da PFDavg (isto é: 1 - PFDavg), e o Fator de Redução de Risco é o inverso de PFDavg (isto é: 1 / PFDavg). Todas esses índices são comumente usados na indústria.

SIL	Segurança	Probabilidade de Falha sob Demanda	Fator de Redução do Risco
SIL 4	> 99.99%	0.001% a 0.01%	10.000 a 100.000
SIL 3	99.9% a 99.99%	0.01% a 0.1%	1.000 a 10.000
SIL 2	99% a 99.9%	0.1% a 1%	100 a 1.000
SIL 1	90% a 99%	1% a 10%	10 a 100

Figura 7 – Índices dos Níveis de Integridade da Segurança

SIL 1 é o nível mais baixo de integridade da segurança que é definido por uma Disponibilidade da Segurança de no mínimo 90% e chegando até 99%, fornecendo essencialmente uma ordem de magnitude na redução de risco (10 a 100). SIL 2 tem uma ordem de magnitude da Segurança a mais que o SIL 1. A Disponibilidade da Segurança de uma função SIL 2 será de pelo menos 99% e chegando até 99,9%. O SIL 3, em termos de Disponibilidade da Segurança acrescenta mais uma ordem de magnitude quando comparado ao SIL 2, e o SIL 4 faz o mesmo com relação ao SIL 3. O SIL 4 raramente é utilizado nas indústrias de processo, sendo mais comumente destinado a aplicações em outras indústrias que possam ser contempladas pelas normas internacionais para projeto de Sistemas de Instrumentados de Segurança. Nos casos em que seja identificada a necessidade de utilização do SIL 4, recomenda-se a consulta a especialistas no setor.

Processo de Seleção do SIL

Uma vez que o SIL é uma medida da quantidade de redução de risco que é fornecida por uma função instrumentada de segurança, a seleção do SIL é um exercício de análise da intensidade de risco apresentada por um determinado perigo e a determinação da necessária quantidade de redução de risco para alcançar um nível de Risco Aceitável. A redução do risco pode ser representada graficamente pelo diagrama da Figura 8, onde são considerados dois dos parâmetros que afetam o risco. Neste caso especifico esses parâmetros são probabilidade e consequência.

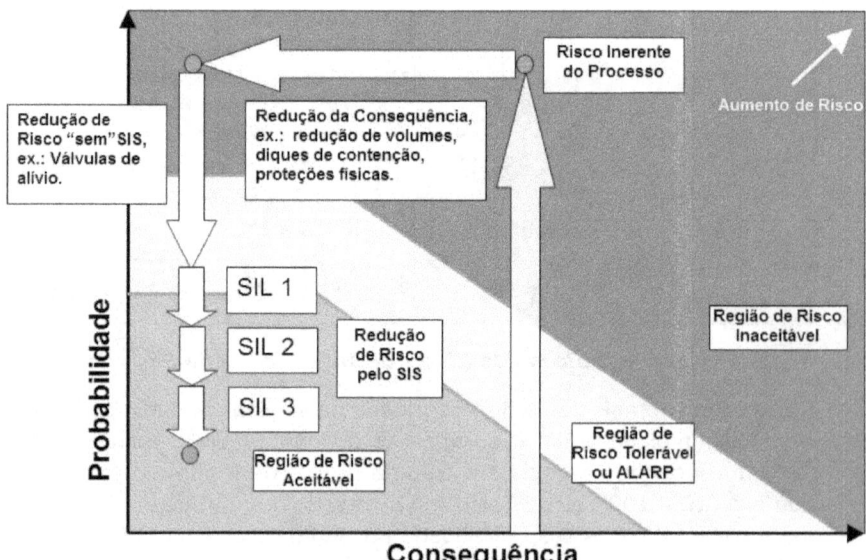

Figura 8 – Representação Gráfica da Seleção do SIL

A Consequência é a gravidade potencial de um acidente. A probabilidade é uma representação da frequência com que o acidente pode vir a ocorrer. Se considerarmos cada determinado perigo dentro de um processo, cada um terá o seu risco de processo inerente, que é função da gravidade própria da sua consequência e da probabilidade intrínseca de que este perigo venha a ocorrer na ausência de outras salvaguardas. Neste diagrama, o risco "aumenta" para cima e à direita. Isto significa que uma consequência maior ou aumento da probabilidade de ocorrência implicam no aumento do risco. O diagrama de risco, nesta representação, está dividido em três regiões explicadas a seguir:

1. Região de Risco Inaceitável, mostrada em vermelho, onde o risco é não tolerável e deve ser reduzido.

2. Região de Risco Aceitável, mostrada em verde, onde os riscos são considerados geralmente aceitáveis, não necessitando de redução de risco adicional.

3. Entre as regiões de Risco Inaceitável e de Risco Aceitável, em amarelo está a Região de Risco Tolerável ou Tão Baixo Quanto Razoavelmente Possível (ALARP – As Low As Reasonably Possible).

Para alcançar um nível de risco considerado como amplamente aceitável, o projeto deve demonstrar que cada risco estará localizado na área verde do diagrama.

O risco inerente pode ser reduzido pela adoção de dispositivos independentes do SIS. É necessário conhecer e avaliar a eficácia de todas as medidas de redução de risco independentes do SIS, para garantir que o risco seja reduzido ao menor patamar possível antes de buscar os benefícios adicionais de um SIS. Ou seja, é necessário avaliar se de fato existe a necessidade do SIS para uma redução adicional do risco.

No exemplo mostrado na Figura 8, a redução obtida com os dispositivos não-SIS, ou salvaguardas físicas, não é suficiente para chegar a um risco aceitável. Portanto, é necessária uma redução adicional de risco, e neste exemplo, o nível de redução de risco de um SIL 1, seria o adequado para chegar à região de risco aceitável. Assim, neste exemplo, seria selecionado o nível de desempenho de um SIL 1 para a função instrumentada de segurança que vai proteger contra esse perigo, obtendo uma situação de risco aceitável. Cada nível SIL fornece a diminuição de uma ordem de magnitude na probabilidade de ocorrência do evento.

Representação do Risco Aceitável na Seleção do SIL

Para realizar a seleção do SIL, as empresas geralmente representam sua tolerância ao risco em forma de Matrizes de Risco ou Tabelas de Probabilidade Máxima Tolerável para o Evento (TMEL – Tolerance Maximum Event Likelihood). A Figura 9 mostra um exemplo de Matriz de Risco e a Figura 10 apresenta uma tabela de categorização de consequências que inclui dados de Probabilidade Máxima Tolerável para o Evento (TMEL). Estas ferramentas de análise de risco são usadas nas atividades rotineiras da engenharia do risco e são graduadas de acordo com as diretrizes relativas aos riscos aceitáveis determinados pelas empresas. Detalhes da graduação das ferramentas de risco neste exemplo estão contidos no Apêndice H.

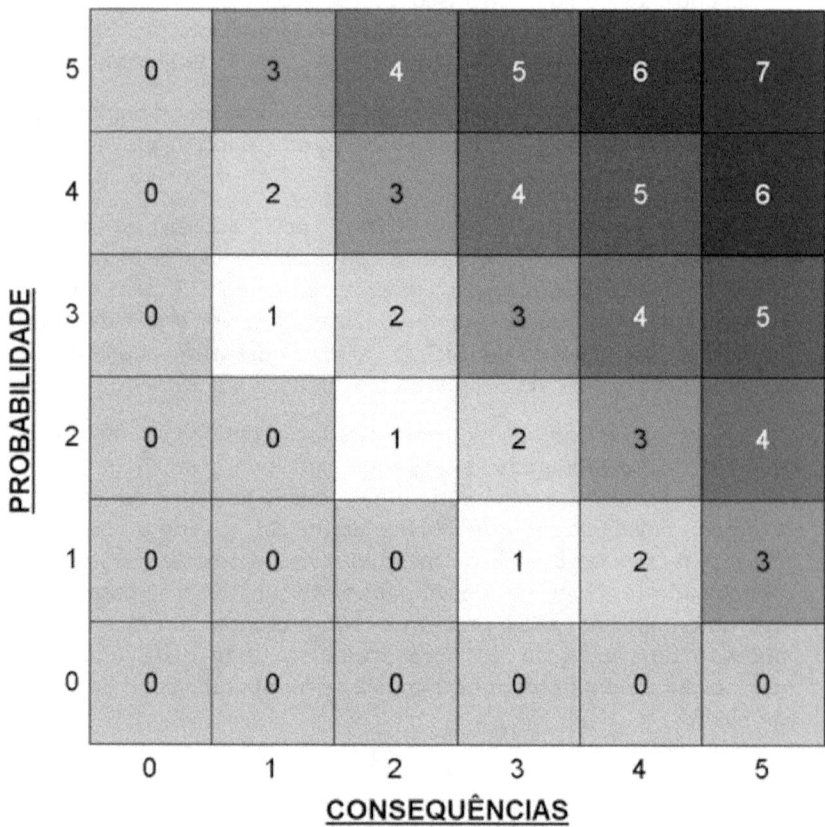

Figura 9 – Matriz Graduada de Risco

#	Impacto	Segurança	Meio Ambiente	Financeiro	TMEL
0	Nenhum	Sem consequências de segurança	Nenhum	Nenhum	N/A
1	Muito Baixo	Primeiros Socorros	Pequeno vazamento com requisito mínimo para recomposição	$50.000	1E-02
2	Pequeno	Afastamento sem hospitalização	Vazamento moderado, limitado às instalações, requer remediação	$500.000	1E-03
3	Médio	Hospitalização com possíveis sequelas	Grande vazamento, com limitado efeito exterior; requer significativa remediação	$5 Milhões	1E-04
4	Alto	Fatalidade	Grande vazamento exterior com dano a áreas externas sensíveis	$50 Milhões	1E-05
5	Muito Alto	Várias Fatalidades	Significativo vazameno exterior, com grande necessidade de remediação, danos severos a áreas sensíveis	$500 Milhões	1E-06

Figura 10 – Tabela de Categorias de Consequências com TMEL
"Probabilidade Máxima Tolerável para um Evento"

A Figura 11 mostra um exemplo de tabela com categorias de probabilidade para ser usada em conjunto com a tabela de consequências quando se faz a análise usando a Matriz de Risco.

Probabilidade	Caracterização	Período de Recorrência
0	Nenhuma	Não Disponível - Muito Extenso
1	Muito Improvável	1.000 anos
2	Improvável	100 anos
3	Ocasional	10 anos
4	Frequente	1 ano
5	Muito Frequente	1 mês

Figura 11 – Tabela de Categorias de Probabilidades

Embora uma grande variedade de técnicas possa ser usada para fazer a seleção do SIL necessário, a "Análise das Barreiras de Proteção" (LOPA – Layer of Protection Analysis) é destacadamente o método mais comum, dada a sua facilidade de uso e eficácia. A LOPA pode empregar tanto a Matriz de Riscos como a abordagem da tabela TMEL para identificar o risco. Quando a matriz de riscos e usada, a análise utiliza especificamente as ordens de magnitude (ou seja: os "expoentes") e é denominada como LOPA "Implícita"; nas análises em que a tabela TMEL é usada, os valores do risco são calculados usando a frequência e a probabilidade reais, sendo a análise denominada como LOPA "Explicita".

Ao executar uma LOPA implícita, seleciona-se a categoria da consequência e a categoria de probabilidade do evento iniciador. É importante lembrar que a probabilidade selecionada deve refletir a frequência do evento iniciador, não a probabilidade de ocorrência da consequência final. Isto é diferente de como o risco é classificado em outras análises de perigos de processo, como o HAZOP, onde a frequência da consequência final é que é classificada. A interseção da consequência e da probabilidade na matriz de riscos contém o número de ordens de magnitude, de redução de risco, necessárias para que o risco de um perigo em particular seja reduzido ao nível tolerável.

Ao usar a abordagem da tabela TMEL, apenas a categoria das consequências necessita ser determinada. Cada categoria de consequência está associada a um TMEL. Este TMEL é a frequência na qual uma consequência dessa magnitude é tolerável. Ao usar o LOPA explícito, os eventos iniciais são quantificados com base em suas frequências. O Apêndice C contém uma lista de frequências típicas de eventos iniciais

Análise das Barreiras de Proteção (LOPA)

A contribuição das camadas de proteção pode ser abordada numa análise complementar das camadas de proteção, onde é analisada a eficácia potencial de cada uma dessas camadas de proteção.

A Figura 12 mostra uma representação gráfica do conceito das Camadas de Proteção, onde cada esfera concêntrica constitui uma barreira ao risco dentro da sua área de abrangência. Para que um risco de processo fique fora de controle, ele terá que atravessar todas as camadas de proteção.

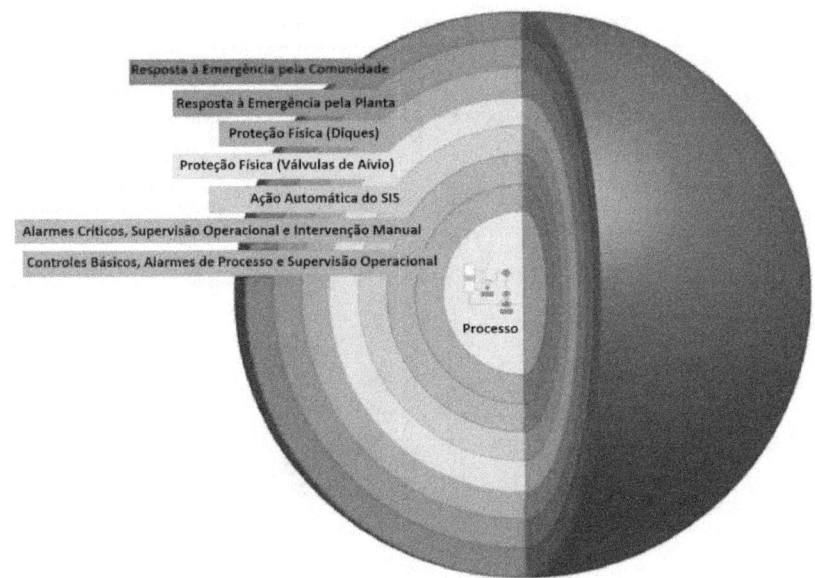

Figura 12 – Camadas de proteção

As indústrias de processo utilizam uma série de camadas de proteção independentes como parte dos projetos para unidades típicas. Algumas camadas de proteção comuns, juntamente com as probabilidades de falha dessas camadas, podem ser encontradas no Apêndice D. A Figura 13 exibe algumas camadas de proteção que são frequentes nas indústrias de processo. A camada de proteção mais comum: é a resposta do operador aos alarmes, que indicam quando o processo está fora da sua faixa normal de operação e/ou adentrando a uma situação potencialmente insegura. As Funções Instrumentadas de Segurança, dentro do SIS, são as camadas de proteção para as quais queremos estabelecer o SIL.

Para reduzir o risco de perigos, como excesso de pressão, também é comum a utilização de dispositivos de alívio de pressão ou dispositivos mecânicos simples. Além disso, também são disponíveis outras salvaguardas que podem não estar relacionadas à prevenção de um acidente, mas sim à mitigação das possíveis consequências, incluindo a resposta às emergências pela empresa e/ou pela comunidade.

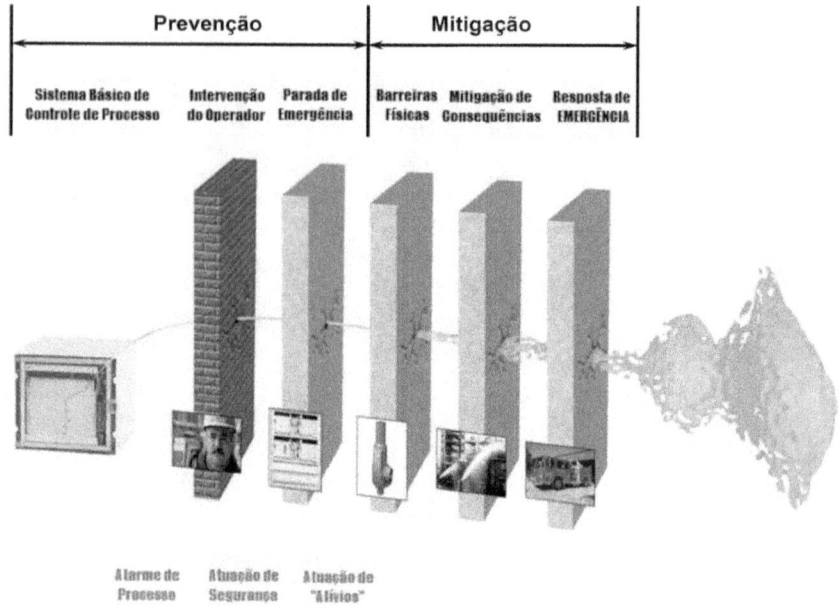

Figura 13 – Camadas de proteção

O princípio das camadas de proteção reconhece que uma ou mais dessas barreiras podem falhar quando demandadas sob determinadas condições e, assim, alguns riscos com consequências potencialmente graves, bem como com alta probabilidade, podem exigir mais do que um projeto de SIS robusto ou barreiras adicionais de proteção, para reduzir o risco a um nível tolerável. Recomenda-se avaliar as barreiras de proteção em uma análise independente das camadas de proteção, onde seja verificado que cada uma das barreiras de proteção é independente das demais camadas de proteção e foi especificamente projetada para evitar o perigo efetivamente identificado. Em outras palavras, é equivalente a adotar pelo menos 1 ordem de magnitude na redução do risco, ou não mais que um decremento de 10% na probabilidade de falha quando solicitado.

As variações "explícita" e "implícita" da Análise das Barreiras de Proteção (LOPA) lidam com a eficácia das camadas de proteção de uma maneira ligeiramente diferente, que são matematicamente equivalentes. Ao usar os objetivos da TMEL como base para o risco tolerável, a frequência de um acidente deve ser calculada comparativamente ao objetivo. Este cálculo de frequência é feito multiplicando a frequência do evento inicial pela probabilidade da falha sob demanda de todas as barreiras independentes de proteção, que atuem contra o início específico deste evento. Se forem vários os eventos iniciais presentes, então as frequências resultantes devem ser somadas. A performance objetivo para o desempenho da SIF, é calculada como a máxima probabilidade de falha que ainda assim permite que a SIF atenda ao TMEL.

Ao usar uma matriz de risco que comtempla os riscos toleráveis, os números de ordem de magnitude necessários à redução do risco são obtidos diretamente da matriz. Cada redução relativa a uma barreira de proteção independente, reduz o risco em 1 ordem de magnitude. Matematicamente, isso significa que cada redução é equivalente a uma "Probabilidade de Falha sob Demanda" (PFD) de 1×10^{-1}. Assim, o objetivo do SIL para a SIF em questão, é o número de ordens de magnitude necessário para a redução de risco, menos o número de reduções providos pelas outras barreiras de proteção. A subtração dos números relativos às barreiras de proteção é equivalente ao produto das probabilidades; dado que o produto das multiplicações ou a soma dos seus expoentes: conduz ao mesmo resultado.

As equações usadas para determinar o SIL e adicionalmente o Fator de Redução de Risco (RRF – Risk Reduction Factor) quando o TMEL é usado, são mostradas a seguir:

LOPA Implícito (Matriz de Risco)

$$SIL = RR(S, L) - \sum IPLCredit$$

onde:

SIL => O nível de integridade da segurança a ser selecionado

RR(S,L) => é o valor necessário de redução de risco (em termos de ordens de magnitude), obtido a partir da matriz de risco ajustada

Σ (IPLCredit) => é a soma de todas as reduções relativas às outras barreiras de proteção independentes

Conversão de IPLCredit para a PFD: PFD = $0,1^{(Redução)}$

(1 redução => PFD = 0,1; 2 reduções => PFD = 0,01; 3 reduções => PFD = 0,001)

LOPA Explícito (TMEL)

$$SIL = \frac{F(event, No - SIS)}{TMEL}$$

$$F(event, No - SIS) = \sum_i (IE_i * \prod_j IPLPFD_{ij})$$

onde:

SIL => O nível de integridade da segurança a ser selecionado

TMEL => (Probabilidade Máxima Tolerável para o Evento) é a frequência tolerável de ocorrência do que o evento, obtida da matriz ajustada de risco e leva em conta a consequência do evento

F(event, No-SIS) => é a frequência com que o evento pode ocorrer quando não exista um Sistema Instrumentado de Segurança para prevenir

IE => é a frequência do evento inicial

Π (IPLPFD) => é o produto das probabilidades de falha sob demanda de todas as barreiras de proteção independentes, consideradas para cada evento inicial

Projeto Conceitual e Verificação do SIL

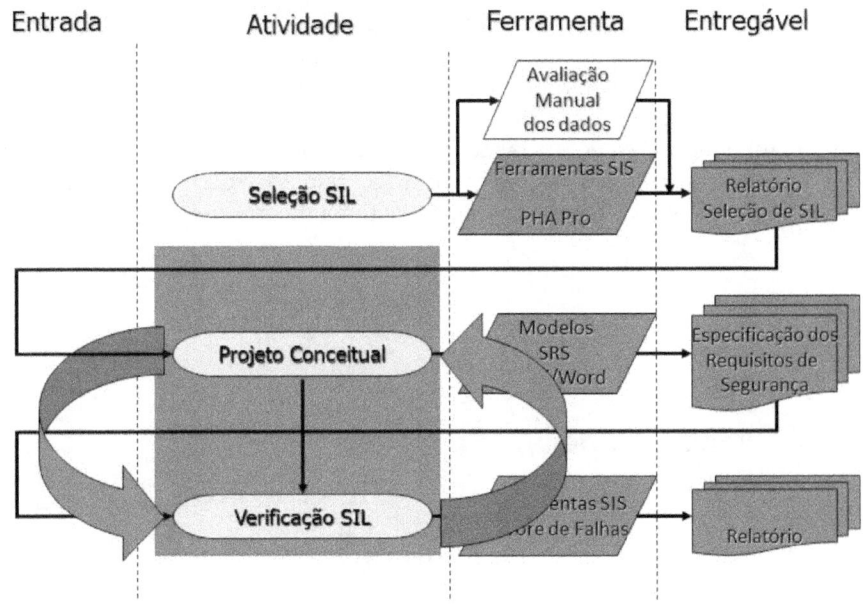

Uma vez que os Níveis de Integridade da Segurança foram selecionados para cada uma das Funções Instrumentadas de Segurança, as próximas atividades a serem realizadas no Ciclo de Vida do SIS são o "Projeto Conceitual do SIS" e a "Verificação do SIL". É nesta fase que se faz a verificação de que cada SIL requerido foi alcançado pelo sistema tal como foi projetado.

Essas duas atividades se desenvolvem paralelamente e muitas vezes são de natureza iterativa. O ponto de partida típico é o projeto conceitual da SIF, que é baseado em experiências prévias com o tipo de aplicação ou na avaliação de engenharia com base no SIL requerido. O projeto é então avaliado para determinar se o SIL foi alcançado. O Projeto Conceitual é então revisto de forma iterativa até que todos os requisitos do SIL tenham sido alcançados no projeto conceitual; incluindo o tipo de componente, arquitetura, tolerância a falhas, testes funcionais e capacidades de diagnóstico. O objetivo da avaliação do projeto conceitual é determinar se o equipamento e a forma como será mantido são apropriados para o SIL selecionado. O resultado é um conjunto de especificações funcionais para o sistema, que podem ser utilizadas na engenharia de projeto detalhado (ou seja: as especificações dos requisitos da segurança).

Conforme mostrado na Figura 14, ao longo do projeto de um SIS, existem vários fatores que podem afetar o SIL alcançado. São estes a seleção dos componentes, a tolerância a falhas do projeto (dependente da arquitetura que foi selecionada), o intervalo dos testes funcionais do sistema (e seus componentes), o potencial de falhas de modo comum (que se sobreponha às características de tolerância a falhas), bem como quaisquer diagnósticos dos componentes do sistema incorporados ao projeto.

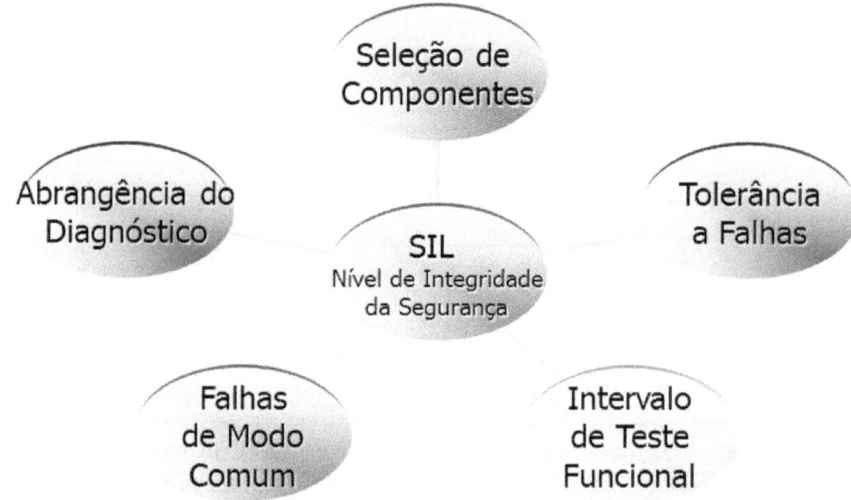

Figura 14 – Parâmetros que influenciam o SIL

Seleção dos Componentes

O processo de seleção dos componentes considera os aspectos qualitativos e quantitativos no conjunto de propriedades dos componentes. Os aspectos qualitativos incluem:

- Adequação para a aplicação selecionada
- Adequação para uso em segurança

O primeiro critério se refere à capacidade do componente de interagir com precisão na aplicação de processo especificamente considerada, o segundo critério trata da confiabilidade do componente para aplicações em segurança de processo. Ambos os critérios são críticos e nenhum deles pode ser ignorado.

Para que um dispositivo seja considerado adequado para uma aplicação específica, os princípios utilizados pelo dispositivo devem ter um histórico comprovado de efetivo desempenho nesta aplicação específica. Por exemplo: medidores de vórtice e medidores magnéticos podem ser usados para medir vazão, mas não são intercambiáveis em quaisquer das aplicações, dado que a sua eficácia não é a mesma em todos os casos, sendo bastante dependente do fluído que está sendo medido. Esta é uma consideração crítica quando empregamos equipamentos "certificados". Mesmo que o equipamento seja "certificado" como em conformidade com a norma IEC 61508, ele só deve ser utilizado após a realização de uma avaliação pelos usuários de que a tecnologia empregada é adequada à aplicação considerada.

Para que um dispositivo seja "adequado para o uso em segurança": o usuário deve ter experiência prévia na utilização do dispositivo ou o dispositivo deve ter sido fabricado de acordo com as normas reconhecidas para o fornecimento de componentes para Sistemas Instrumentados de Segurança; especificamente conforme a IEC 61508. Isto é tipicamente verificado pela certificação independente realizada por terceiros. Essas ações destinam-se a tratar da adequação da "confiabilidade" do dispositivo. No caso de "experiência Prévia" o usuário final analisa o desempenho passado do dispositivo para determinar a sua aceitabilidade, já no caso da "certificação": assume-se que os processos de projeto e fabricação, altamente controlados, vão prover a confiabilidade necessária.

Além dos dois critérios qualitativos, a tecnologia usada no dispositivo também vai influenciar qual o equipamento a ser selecionado. A escolha entre tecnologias programáveis ou dos dispositivos eletromecânicos cabeados, geralmente é feita considerando o baixo custo dos pequenos sistemas cabeados ou o custo proporcional e esforço de engenharia menores, associados aos grandes sistemas programáveis. Além disso, a tecnologia também afetará outros parâmetros quantitativos que serão discutidos mais adiante neste capítulo: como taxa de falha, fração de falha segura e cobertura de diagnóstico.

Tolerância a Falhas

A tolerância a falhas é a capacidade do SIS em realizar as ações previstas (e em não executar ações imprevistas) na ocorrência da falha de um ou mais dos componentes do SIS. A tolerância a falhas geralmente é obtida através do uso de múltiplos componentes redundantes, que são configurados para realizar uma "votação" quanto à ação a ser realizada pela SIF. Esta "configuração" dos múltiplos componentes redundantes é conhecida como a "arquitetura" do subsistema da SIF. Algumas arquiteturas de votação podem potencialmente resultar em perda de segurança na ocorrência da falha de um componente, enquanto outras podem potencialmente aumentar o nível de segurança se um ou mais componentes da arquitetura falharem.

Os tipos mais comuns de arquiteturas usadas como subsistemas dos SIS estão mencionados abaixo. Em geral, esses números são descritos nos sistemas como M-de-N (em inglês M-out-of-N), onde M é o número de componentes que devem estar ativos para que a ação de segurança seja tomada e N é o número total de componentes.

- 1oo1 Um de Um (simplex)
- 1oo2 Um de Dois
- 2oo2 Dois de Dois
- 2oo3 Dois de Três

A arquitetura 1oo1 é composta por um único componente e serve como referência na comparação entre as várias arquiteturas de SIS disponíveis. O arranjo 1oo2 é a "mais segura" das opções, o que significa dizer que proporciona a menor probabilidade de falha sob demanda. Nesta configuração, se qualquer um dos dois transmissores "votar" para que ocorra um desligamento, a ação de desligamento é levada a efeito. O arranjo 1oo2 fornece um grau de tolerância a falhas, no que concerne a falhas "perigosas", mas não fornece nenhuma tolerância com relação a falhas "espúrias". Na verdade, o arranjo 1oo2 resultará em uma taxa de falha espúria duas vezes mais frequentemente do que a taxa resultante de um único dispositivo. O arranjo 2oo2 fornece um grau de tolerância as falhas espúrias, mas nenhuma tolerância a falhas perigosas. Como resultado sua PFDavg é o dobro do que um único componente (ou seja: mais perigoso), mas tem uma taxa de falha indesejada de uma ordem de magnitude menor. Finalmente, a arquitetura 2oo3 oferece um compromisso entre o 1oo2 e o 2oo2. Este arranjo oferece em conjunto uma menor PFDavg e também uma menor taxa de falha indesejada, quando comparada a único dispositivo, contudo não é tão seguro quanto o 1oo2 nem tão resistente à falha espúria como o 2oo2.

Além dos impactos quantitativos na arquitetura, os níveis de SIL requerem a obtenção de "Requisitos Arquitetônicos" que são essencialmente requisitos que devem ser providos por qualquer subsistema quanto à tolerância mínima a falhas. De forma geral, o SIL 1 não requer tolerância a falhas, a menos que seja necessário para atingir a probabilidade desejada PFDavg. SIL 2 requer pelo menos um grau de tolerância a falhas, o que pode ser alcançado, por exemplo, por uma arquitetura de votação de 1oo2. Uma discussão detalhada sobre o atingimento da tolerância mínima a falhas, juntamente com as tabelas de tolerância mínima a falhas da IEC 61511 e da IEC 61508, está incluída no Apêndice F.

Intervalo de Teste Funcional

O teste funcional de uma SIF diminui sua probabilidade de falha e aumenta o SIL efetivo, através da redução real da fração de tempo em que a SIF estará no estado de falha. Quando um teste de SIF é executado, todas as falhas latentes no sistema são identificadas e subsequentemente reparadas. À medida que o intervalo de teste se torna mais curto (ou seja, o teste é mais frequente), uma SIF na condição de falha não permanecerá nesse estado de falha por um período de tempo longo, com isso reduz-se a indisponibilidade.

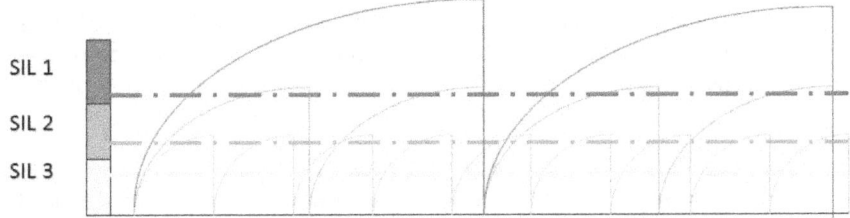

Figura 15 – Impacto do Intervalo de Teste no SIL

A Figura 15 demonstra esse conceito a partir da perspectiva de indisponibilidade. As curvas no gráfico mostram a indisponibilidade, que é essencialmente a probabilidade de falha. À medida que o tempo passa a probabilidade de indisponibilidade aumenta, até que um teste seja realizado. Uma vez que um teste confirme a correta operação do sistema (ou indique a necessidade de reparos dos componentes com falha), a probabilidade de falha retorna para zero. Se um sistema for testado com mais frequência, sua curva de indisponibilidade terá um menor incremento total antes de ser reiniciada.

Falhas de Modo Comum

O Modo Comum reconhece que um único evento potencial ou a sobrecarga de uma SIF, pode resultar em múltiplas falhas simultâneas dos componentes da SIF. Por exemplo: dois ou mais sensores podem falhar simultaneamente, se as suas conexões ao processo estiverem conectadas e entupidas. Falhas de Modo Comum são muitas vezes tratadas usando uma análise das porcentagens de Falha de Modo Comum que possam afetar o SIL alcançado; isto é chamado de Método do Fator Beta. Falhas de Modo Comum podem ser eliminadas, ou substancialmente reduzidas, usando não apenas as arquiteturas redundantes, mas também utilizando tipos diferentes de equipamentos dentro da mesma arquitetura redundante.

Abrangência do Diagnóstico

A abrangência do diagnóstico é outro fator que permite alcançar objetivos potencialmente maiores para o SIL. Diagnósticos são essencialmente testes comprovados dos componentes individuais de um SIS, que são rápida e automaticamente realizados, mas que detectam apenas algumas das possíveis falhas do dispositivo. A parcela das falhas que podem ser detectadas é definida como a Abrangência do Diagnóstico.

Os diagnósticos diminuem a probabilidade geral de falha de uma SIF, dado que efetivamente reduzem a sua incidência como uma falha perigosa. Se a falha perigosa de um componente da SIF for detectada, através dos diagnósticos, esta detecção pode ser convertida em um modo de falha segura: fazendo com que a SIF automaticamente assuma a sua ação final de segurança, face à presença da falha detectada.

Cálculos de PFD (Probabilidade de Falha sob Demanda)

Os Cálculos gerais das probabilidades de falhas, os quais consideram todos os fatores descritos anteriormente, foram realizados, para avaliar cada exemplo de SIF, usando modelos de confiabilidade tais como: análise da árvore de falhas, equações simplificadas ou os modelos de Markov. As normas internacionais (IEC) exigem a verificação quantitativa de que os objetivos de SIL identificados, foram alcançados, conforme especificado no projeto. Embora cada um dos potenciais métodos para a realização dos cálculos de verificação do SIL tenha seus pontos fortes e fracos, a opção pela utilização das equações simplificadas tem sido adotada, sempre que possível, pelos profissionais do setor. Nos casos em que a situação não pode ser descrita utilizando estas equações simplificadas, ferramentas como a análise da árvore de falhas são usadas para suportar as equações simplificadas.

O cálculo geral da PFDavg de uma SIF começa com o uso de uma das equações mostradas na seção seguinte, para cada um dos subsistemas: sensores, lógica de resolução e elemento final. As equações usadas consideram as taxas de falha específicas dos dispositivos analisados e o intervalo de teste proposto para o subsistema. Algumas taxas de falha típicas para a instrumentação comumente usada em aplicações de segurança são apresentadas no Apêndice G.

A seção seguinte mostra as equações simplificadas para as arquiteturas mais comuns dos subsistemas de SIS. Mais detalhes sobre as equações podem ser encontrados no apêndice E.

Equações Simplificadas

Equações para Probabilidade de Falha sob Demanda (PFD)

1oo1
$$PFD_{avg} = \left[\lambda^{DU} \times \frac{TI}{2}\right]$$

1oo1D-NT
$$PFD_{avg} = \left[\lambda^{DU} \times \frac{TI}{2}\right] + [\lambda^{SD} + \lambda^{DD} \times MTTR]$$

1oo2
$$PFD_{avg} = \left[(\lambda^{DU})^2 \times \frac{TI^2}{3}\right] + \left[\beta \times \lambda^{DU} \times \frac{TI}{2}\right]$$

2002 $\quad PFD_{avg} = [\lambda^{DU} \times TI]$

2003 $\quad PFD_{avg} = [(\lambda^{DU})^2 \times (TI)^2] + \left[\beta \times \lambda^{DU} \times \frac{TI}{2}\right]$

Equações para Taxa de Falha Espúria (STR)

1001 $\quad STR = \lambda^S + \lambda^{DD}$

1001D-NT $\quad STR = \lambda^{SU}$

1002 $\quad STR = 2(\lambda^S + \lambda^{DD})$

2002 $\quad STR = [2(\lambda^S + \lambda^{DD})^2 \times MTTR] + [\beta(\lambda^S + \lambda^{DD})]$

2003 $\quad STR = [6(\lambda^S + \lambda^{DD})^2 \times MTTR] + [\beta(\lambda^S + \lambda^{DD})]$

Onde:

λ^{DD} = Taxa de Falha Perigosa Detectada

λ^{DU} = Taxa de Falha Perigosa Não Detectada

λ^S = Taxa de Falha Segura para o componente, incluindo ambas a taxa de falha segura detectada λ^{SD} e a taxa de falha segura não detectada λ^{SU}

λ^{SD} = Taxa de Falha Segura Detectada

λ^{SU} = Taxa de Falha Segura não Detectada

β = Fração de Falha de modo Comum

TI = Tempo entre Testes Funcionais Completos

$MTTR$ = Tempo Médio Para Reparo de qualquer falha detectada

Especificações dos Requisitos de Segurança

Elaborar as "Especificações dos Requisitos de Segurança" é o próximo passo no Ciclo da Vida de Segurança. O desenvolvimento das Especificações dos Requisitos de Segurança (SRS – Safety Requirements Specifications) é feito ao final do Projeto Conceitual/Verificação do SIL, após a confirmação de que o arranjo proposto no projeto alcançou o desejado. O objetivo das Especificações dos Requisitos de Segurança é definir tanto os requisitos funcionais como os requisitos relacionados ao desempenho. As especificações devem ser suficientemente minuciosas de forma que a funcionalidade de todo o SIS (particularmente da lógica de resolução) seja rigorosamente definida, assim possibilitando que as atividades do projeto executivo de engenharia (detalhamento) possam ser elaboradas.

A norma IEC 61511 / ISA 84.00.01 fornece uma lista das informações que devem ser documentadas, ou pelo menos consideradas, durante esta fase. Esta informação inclui os seguintes itens:

- Descrição de todas as funções instrumentadas de segurança necessárias para alcançar a segurança funcional requerida;
- Os requisitos para identificar e considerar as falhas de modo comum;
- A definição do que é o estado seguro do processo para cada função instrumentada de segurança identificada;
- A definição de quaisquer estados seguros de processo individuais que, em ocorrendo simultaneamente, possam criar um perigo em separado (por exemplo: sobrecarga do sistema de armazenamento de emergência, sistema múltiplo de alívio para o "flare");
- As supostas fontes de demanda e suas taxas de demanda para as funções instrumentadas de segurança;
- Requisitos para os intervalos de testes comprovados;
- Requisitos quanto ao Tempo Resposta para que o SIS leve o processo a um estado seguro;
- O nível de integridade da segurança e o modo de operação (sob demanda ou contínuo) para cada função instrumentada de segurança;
- Descrição das variáveis medidas de processo, monitoradas pelo SIS, e os valores para inicialização das ações de segurança;

- Descrição das ações de saída do SIS e os critérios para a operação bem-sucedida, por exemplo: requisitos quanto ao fechamento de válvulas de bloqueio;
- A relação funcional entre entradas e saídas de processo, incluindo lógica, funções matemáticas e quaisquer tolerâncias necessárias;
- Requisitos para o desligamento manual;
- Requisitos quanto a "energizar ou desenergizar" para inicialização das ações de segurança;
- Requisitos para reinicializar o SIS após um desligamento;
- Taxa máxima tolerada para desligamento espúrio;
- Modos de falha do SIS e tipo de resposta desejada (por exemplo: alarmes, desligamento automático);
- Quaisquer requisitos específicos relativamente aos procedimentos para inicializar e/ou reinicializar o SIS;
- Todas as interfaces entre o SIS e qualquer outro sistema (incluindo o Sistema Básico de Controle e os operadores);
- Descrição dos modos de operação da unidade/instalação e a identificação das funções instrumentadas de segurança necessárias para operar em de cada modo;
- Os requisitos de segurança do software utilizado;
- Requisitos para anulação / inibição /"by-pass" incluindo a forma como serão removidos;
- A especificação de quaisquer ações necessárias para atingir ou manter um estado seguro, em caso de falhas detectadas no SIS. Qualquer ação desse tipo deve ser determinada levando em consideração todos os fatores humanos relevantes;
- Tempo médio viável para reparo do SIS, levando em consideração a localização da instalação, tempos de deslocamento dos profissionais, peças de reserva, contratos de serviço e restrições ambientais;
- Identificação das combinações dos estados perigosos de saída do SIS que devem ser evitados;
- Os limites de todas as condições ambientais que eventualmente serão prevenidas pelo SIS devem ser identificados. Isto provavelmente vai exigir que seja levado em conta: temperatura, umidade, contaminantes, aterramento, interferência

eletromagnética, interferência de radiofrequência, impactos e vibrações, descargas eletrostáticas, classificação elétrica da área, inundações, raios e outros fatores relacionados;

- Identificação dos modos operacionais normais e os modos anormais de operação, tanto para a planta como um todo (por exemplo: operações de partida e parada da unidade), como também para os procedimentos operacionais individuais da planta (por exemplo: manutenção de equipamento, calibração e/ou reparo de transmissores). Eventualmente pode ser necessário acrescentar funções instrumentadas de segurança para estes modos de operação;

- Definição dos requisitos adicionais, para qualquer função de segurança que deva permanecer ativa, após a ocorrência de um acidente grave, por exemplo: tempo necessário para que uma válvula permaneça operacional em caso de incêndio.

Embora todas as informações descritas acima sejam elaboradas para definir completamente um SIS, não é uma boa prática tentar combinar todas as informações em um único documento. Com alguma frequência, engenheiros não muito familiarizados com SIS e com pouca experiência na especificação de sistemas de instrumentação e controle, usam a leitura das normas como referência para especificar sistemas de controle. É um erro tentar usar a IEC 61511 / ISA 84.00.01 como um guia de projeto ao invés de um conjunto de requisitos, tal como o foi idealizado. Isso muitas vezes resulta em Especificações dos Requisitos de Segurança que usam a lista dos itens mencionados acima como um "rascunho", que em sequência é usado como formulário para o preenchimento dos espaços em branco para cada SIF. De forma geral os resultados deste processo são péssimos. Os documentos são de difícil utilização pelos fornecedores de equipamentos e integradores de sistemas, uma vez que não apresentam uma visão abrangente do sistema e incluem grandes quantidades de dados repetitivos, que não tem utilidade para os projetistas dos sistemas e, frequentemente, não são atualizados.

Uma abordagem muito melhor é fornecer um conjunto abrangente de informações que descrevam o SIS por inteiro. Este conjunto de informações tipicamente também inclui a descrição da lógica funcional, frequentemente usando o formato conciso e fácil de usar do diagrama de causa e efeito. Uma série de requisitos comumente aplicados a todos as SIF (tais como: requisitos de inibição ou "bypass" e ações de resposta a falhas) ficarão melhor se contidas em um único documento, por exemplo: de "requisitos gerais". Finalmente, as complexidades do sistema que são particulares a uma única SIF e complicadas para serem explicadas no contexto de um diagrama de causa e efeito, podem ser descritas em um documento específico de notas.

O uso desta metodologia proporciona uma visão holística do sistema, a repetição de informações é minimizada e informações, tais como detalhes da seleção do SIL, não relevantes para os utilizadores do conjunto de especificações não são incluídas. Ao invés disso, a seção dos requisitos gerais simplesmente menciona os demais documentos do projeto onde esta informação adicional está contida.

Uma vez que o conjunto das Especificações dos Requisitos de Segurança foi elaborado, ele pode ser fornecido aos executantes do projeto de detalhamento, bem como aos fornecedores de equipamentos, que poderão assim implementar um sistema que seja consistente com os Níveis de Integridade da Segurança, que foram selecionados nas etapas anteriores do Ciclo de Vida da Segurança. Um bom conjunto de Especificações dos Requisitos de Segurança permitirá que empreiteiros e fornecedores façam suas cotações e realizem suas tarefas de projeto de detalhamento com pouca ou nenhuma demanda adicional da equipe de projeto do SIS.

Projeto Detalhado e Especificações

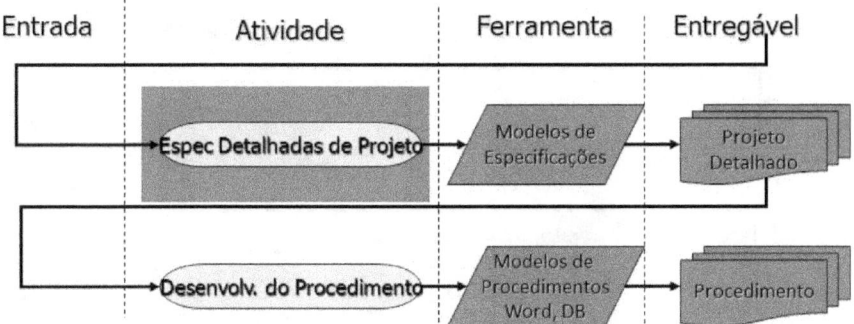

A etapa do "Projeto Detalhado de Engenharia e Especificações" ocorre após a equipe de projeto básico do SIS completar a Especificação dos Requisitos da Segurança, a qual vai servir como base para todas as demais atividades subsequentes de projeto. Nesta etapa, o projeto de um SIS é muito semelhante ao projeto de outros sistemas de controle, não especificamente destinados a segurança. Algumas das atividades realizadas nesta fase incluem a elaboração de:

- Especificações e requisições de instrumentação;
- Diagramas de malha;
- Listas de entradas e saídas para o sistema da lógica de resolução;
- Diagrama de distribuição para o gabinete do sistema da lógica de resolução;
- Diagramas da fiação interna do gabinete da lógica de resolução;
- Diagramas da fiação de interconexão, comprimento e bitolas de cabos;
- Programas de Controladores Lógicos Programáveis.

Desenvolvimento do Procedimento

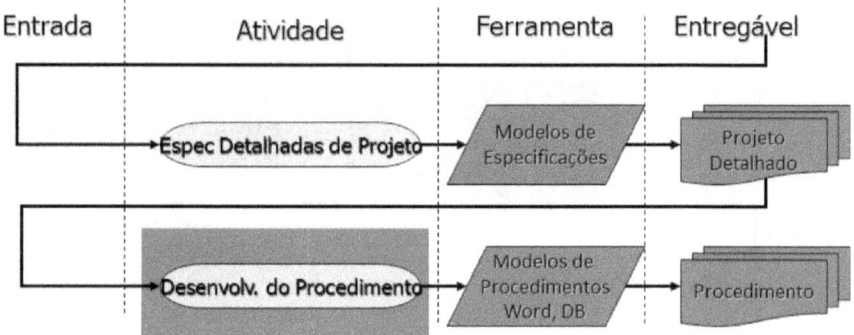

O próximo passo no ciclo de vida da segurança é o "Desenvolvimento do Procedimento". O que significa: elaborar os Procedimentos Operacionais, bem como os procedimentos para a manutenção e testes do Sistema Instrumentado de Segurança.

Os procedimentos devem abordar várias formas de operação do Sistema Instrumentado de Segurança, incluindo operações de inicialização, "bypass" e reinicialização. Devem contemplar a resposta manual às falhas detectadas. Também devem incluir especificações e requisitos de manutenção, bem como os requisitos dos testes funcionais para que seja atingido o Nível requerido de Integridade da Segurança. O intervalo dos testes funcionais deve ser compatível com as Especificações dos Requisitos da Segurança que foram identificadas anteriormente.

Antes de iniciar a elaboração dos procedimentos, o usuário final deve estabelecer a filosofia preferida de testes, manutenção e operação do SIS. Detalhes aparentemente menores podem ter um grande impacto na eficácia do SIS.

O usuário final deve determinar como cada função será periodicamente testada. Geralmente é preferível realizar um teste funcional completo, sempre que seja praticável, o qual vai testar simultaneamente todos os componentes da SIF começando com os dispositivos de detecção, passando pela lógica de resolução e chegando até os elementos finais. Um exemplo de um teste funcional completo é isolar um transmissor de pressão das linhas de tomada do processo, conectar uma bomba manual à entrada de teste do transmissor, aumentar a pressão até que o sistema seja ativado e confirmar que a ativação ocorreu no valor correto. Se existirem requisitos especiais para o elemento final (por exemplo: uma válvula que deve atingir estanqueidade classe VI), o teste pode ser desenvolvido de forma que isto também seja confirmado.

A melhor forma de descobrir falhas encobertas é a realização de um teste funcional completo. Isso, por sua vez, torna muito mais fácil para o usuário final atingir a taxa de falhas perigosas que foi usada como parte dos cálculos de verificação do SIL. Quando um teste funcional completo não é realizado, os cálculos de verificação do SIL devem ser revistos de forma a considerar condições de teste não ideais.

Um exemplo de método inferior de teste é conectar um simulador de sinal aos terminais de campo e enviar o sinal para o cartão de entradas e saídas. Esse método analisa apenas uma parte das falhas gerais em um dispositivo típico de detecção, ou seja, aquelas relacionadas à integridade da fiação, calibração de atuação e ação da lógica. Não está atuando para revelar os modos de falha do sensor, das linhas de tomada, elemento de detecção, placa do circuito do transmissor, configurações internas do transmissor, "firmware" e "software".

Ao estabelecer a filosofia de "bypass", o usuário final deve levar em conta os fatores humanos; na maior parte dos acidentes graves, o "bypass" acidental ou intencional é citado como fator fundamental de contribuição.

Existe uma reconhecida utilidade em facultar a colocação temporária de um elemento de detecção em "bypass". Se um sensor precisa de recalibração, manutenção ou substituição, um "bypass" do sensor pode permitir essas atividades sem que seja necessário proceder ao desligamento total. O "bypass" pode ser feito através de software ou de um interruptor cabeado, embora usualmente o software seja mais conveniente.

Quando "bypass" via software são utilizados e podem ser ativados através da Interface Homem-Máquina do sistema de controle, a comunicação entre o SIS e Sistema de Controle deve ser cuidadosamente projetada para garantir que o SIS possa passar rapidamente de "bypass habilitado" para o modo "normal" sem que o operador seja obrigado a remover manualmente cada um dos sensores "bypassados". Além disso, devem ser utilizados diagnósticos de comunicação SIS-Sistema de Controle que vão permitir que o correto funcionamento do SIS, mesmo no caso de uma perda de comunicação entre os sistemas.

A interface do SIS deve ser projetada de forma que o operador, o técnico de instrumentação e/ou o engenheiro não sejam capazes de "bypassar" as saídas do sistema (elementos finais). A maioria das saídas pode ser ativada por vários sensores diferentes. Por exemplo: num aquecedor a gás, as válvulas de entrada de combustível podem ser fechadas devido à alta pressão na fornalha, pressão alta ou baixa do gás, alta temperatura, falta de chama, análise de oxigênio ou falha no ventilador. Uma condição anormal em qualquer uma dessas variáveis pode exigir a ativação do desligamento. Se uma saída é "bypassada", significa efetivamente o "bypass" simultâneo de TODOS esses intertravamentos críticos.

Testes e filosofia de "bypass" são apenas dois dos muitos protocolos importantes a serem estabelecidos no desenvolvimento de um projeto de SIS. Ao fazer as escolhas, o usuário deve estar ciente do seu impacto na eficácia do sistema. Seja qual for a filosofia escolhida, as decisões devem ser tomadas durante a fase inicial do projeto, sendo depois implementadas aos procedimentos de teste.

Construção, Instalação e Comissionamento

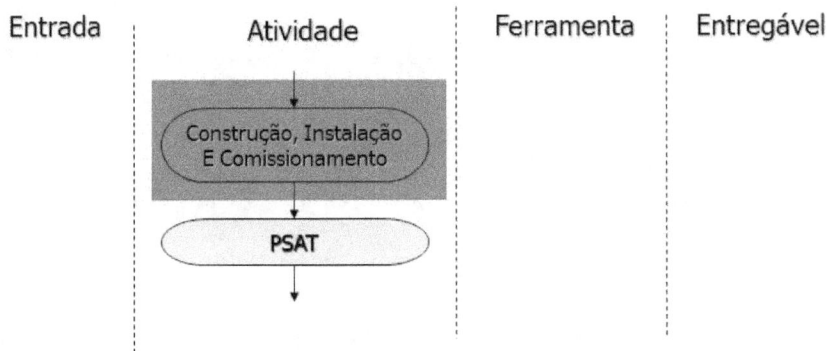

O próximo passo do Ciclo de Vida de Segurança é a "Construção, Instalação e Comissionamento". Novamente, esta fase é muito semelhante a etapas equivalentes no projeto de sistemas comuns de controle (não SIS), seu comissionamento e atividades de pré-partida. Envolve a compra de equipamentos, sua instalação, execução do cabeamento, elaboração e carregamento dos programas de software. Todas essas atividades devem ser concluídas antes da realização do teste de pré-partida.

Teste de Aceitação Pré-Partida

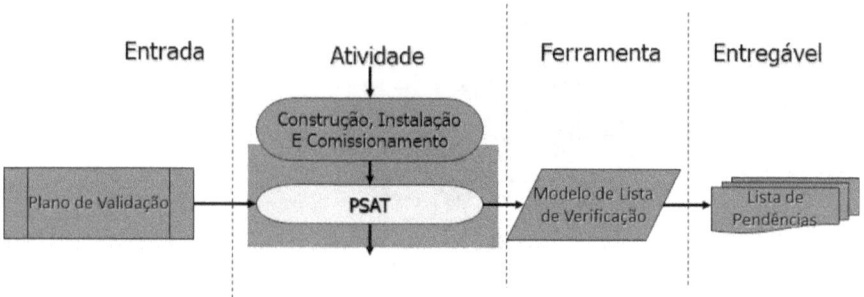

O "Teste de Aceitação Pré-Partida" (PSAT – Pre Start-up Acceptance Test) é a próximo etapa no ciclo de vida da segurança. Nesta etapa, o requisito básico é verificar se os equipamentos e o software instalados estão de acordo com as Especificações dos Requisitos da Segurança (SRS). Esta é uma atividade que ocorre no local da implantação, durante as atividades de instalação, comissionamento e partida. Os engenheiros de projeto vão revisar os equipamentos e o software para garantir que todos os requisitos estabelecidos na Especificação dos Requisitos da Segurança foram alcançados. Os desvios relevantes devem ser registrados e corrigidos antes que o equipamento seja colocado em operação. Além disso, de forma geral, um teste funcional completo de todo o sistema faz-se necessário durante a aceitação de pré-partida, para demonstrar que o sistema se comporta como determinado na Especificação dos Requisitos da Segurança.

O método correto de conduzir um PSAT é confirmar que o projeto está de acordo com as Especificação dos Requisitos da Segurança, dado que aí estão contidas as decisões, preferências e requisitos críticos de projeto que formam a base de um sistema bem concebido. Se um integrador do SIS interpretou mal um determinado requisito das especificações, o PSAT é a última chance de que o defeito de projeto seja descoberto e corrigido antes que o sistema entre em operação. Este também é um bom motivo para que o PSAT seja conduzido por uma terceira parte, que tenha compreensão plena das especificações e seja independente do integrador do SIS. Esta terceira parte será capaz de fornecer uma avaliação independente do projeto e, assim, podendo confirmar se o sistema foi implementado com todos os requisitos do usuário final.

Operação e Manutenção

O próximo passo é a "Operação e Manutenção". Durante esta fase, se tudo transcorrer como planejado, ocorrerá muito pouca atividade com relação ao SIS. As atividades relativas ao SIS, nesta fase, incluem os testes funcionais periódicos e a resposta a falhas identificadas no SIS, que são em geral identificadas pelos sistemas de diagnóstico. Esta resposta normalmente inclui o reparo dos subsistemas com falha.

Gerenciamento da Mudança

O Gerenciamento da Mudança (MOC – Management of Change) ocorre quando alterações são propostas ao Sistema Instrumentado de Segurança, desde que não se configurem como alterações "pelo mesmo tipo". Os procedimentos da empresa quanto ao Gerenciamento de Mudança devem ser seguidos para avaliar e abordar adequadamente essas alterações, antes da sua implementação, a fim de identificar quaisquer perigos potenciais que possam resultar dessas mudanças. Este procedimento é importante para garantir que as modificações sejam consistentes com a Especificação dos Requisitos da Segurança do SIS e preservar os Níveis necessários de Integridade da Segurança.

Quando ocorre uma alteração no sistema, os novos componentes provavelmente terão taxas de falha e de cobertura de diagnóstico diferentes do originalmente concebido. Quando isto acontece, os cálculos existentes para verificação do SIL estarão desatualizados; a verificação de que os novos componentes são capazes de alcançar o SIL requerido, é o primeiro passo no processo de Gerenciamento da Mudança. Dependendo do novo componente, o novo projeto da função instrumentada de segurança (SIF) pode ou não alcançar o SIL anteriormente existente. Caso a frequência de teste não possa ser ajustada, pode ser necessária instrumentação adicional ou modificações em outras partes da SIF.

Após a conclusão dos novos cálculos para verificação do SIL, os equipamentos devem ser inspecionados para garantir que irão atender a todos os requisitos determinados como parte das especificações dos requisitos da segurança. Caso os novos equipamentos tenham requisitos adicionais ou não seja necessário que atendam a alguns dos requisitos das especificações existentes, o documento das especificações deve ser revisado para levar em conta as alterações.

Em alguns casos, são outros os fatores que exigem o Gerenciamento da Mudança para uma parte do SIS. Por exemplo: se as diretrizes corporativas de tolerância ao risco mudarem, isso pode afetar a implementação de muitas das SIFs. Nesse caso, o processo de seleção do SIL deve ser revisado para estabelecer (ou confirmar) o SIL para as funções. Se uma análise quantitativa de risco for realizada, fornecendo informações mais precisas sobre um determinado risco, o SIL para a correspondente função pode ser alterado, face aos resultados da análise. Um exemplo final é quando uma camada de proteção, que foi considerada durante a seleção do SIL e face a informações atualizadas, é mais ou menos eficaz do que aquilo que foi anteriormente considerado. Novamente, quando isto ocorre, os resultados da seleção do SIL devem ser revisados para determinar o novo SIL para as funções afetadas. Qualquer dos exemplos mencionados pode exigir instrumentação adicional, alteração de instrumentos ou novos intervalos para os testes funcionais.

Por esses motivos, os relatórios de seleção do SIL devem ser revisados e revalidados periodicamente (com a mesma frequência sugerida para as revalidações das Análises dos Riscos de Processo - cinco anos) para garantir que os SILs selecionados sejam consistentes com a atual filosofia da empresa, as melhores práticas da indústria e os dados de modelagem mais precisos.

Conclusões

Os Sistemas Instrumentados de Segurança são usados nas unidades de processo para reduzir a probabilidade de ocorrência dos riscos, "não visam eliminar os riscos", mas tem como objetivo reduzi-los ao que pode ser considerado, pelos responsáveis pela operação destas instalações, como um nível tolerável de risco na operação. Nos Estados Unidos, as regulamentações da OSHA, bem como as regulamentações da EPA, determinam como o projeto, os testes, a manutenção e a operação dos Sistemas Instrumentados de Segurança devem ser conduzidos ([1]). Assim, todo profissional da área, deve conhecer os requisitos destas normas antes de iniciar o desenvolvimento de um projeto para um Sistema Instrumentado de Segurança. A maioria das empresas tem algum tipo de procedimento para o projeto e implementação dos Sistemas Instrumentados de Segurança. Cada vez mais, as empresas estão se adequando às normas da ISA e IEC para a engenharia do SIS. As normas mais recentes têm como base o desempenho dos sistemas, ao invés de serem prescritivas. Elas determinam que sejam estabelecidos níveis de desempenho, ou metas de confiabilidade a serem alcançadas pela engenharia do projeto do SIS, ao invés de determinar o conteúdo do projeto.

Este manual apresentou um compêndio da Engenharia do Ciclo de Vida do SIS. Antes de implementá-lo nas suas instalações, ele deve ser cuidadosamente considerado e compreendido. As Funções Instrumentadas de Segurança existentes ou projetadas para novas instalações de processo, requerem análises para identificar as suas atuações e preencher os requisitos dos Níveis de Integridade da Segurança para cada finalidade. Os Níveis de Integridade da Segurança podem ser otimizados para levar em conta os eventuais eventos iniciadores e as razoáveis salvaguardas, propondo uma configuração que atenda aos objetivos de segurança, evitando a utilização de instrumentação desnecessária.

---

(1) Nota dos tradutores: No Brasil, embora ainda não exista regulamentação quanto à obrigatoriedade da aplicação da norma IEC 61511, existe o conceito quanto à obrigatoriedade da aplicação das boas práticas reconhecidas de engenharia. Considerando que o Brasil é signatário das normas do IEC, os tradutores entendem que a IEC 61511 deve ser considerada como uma boa prática reconhecida de engenharia.

A substituição dos equipamentos existentes não é exigida pelas normas e, em muitos casos, não se justifica. É necessária uma análise dos requisitos do Nível de Integridade da Segurança e, em muitos dos casos, os equipamentos existentes podem ter demonstrada a sua capacidade para alcançar os objetivos do Nível de Integridade da Segurança requerido pela sua empresa.

Embora em muitos casos os equipamentos existentes sejam suficientes para alcançar os níveis de integridade da segurança, para algumas funções pode ser necessária a modificação ou adição de alguns equipamentos. Este custo adicional será sempre minimizado, quando a implementação destas mudanças ocorrerem no início da fase de projeto. Muitas das "situações de desastre técnico" que mencionam a enorme dificuldade na implementação da IEC 61511 / ISA 84.00.01 ocorreram porque a decisão pela implementação foi feita no meio do projeto, ou depois de finalizado o projeto executivo. Da mesma forma que um adequado projeto de processo, o adequado projeto do Sistema Instrumentado de Segurança deve ser concebido desde o início do projeto, e nunca como reflexão tardia.

Apêndice A - Acrônimos

BPCS - Basic Process Control System (SBCP – Sistema Básico de Controle de Processo)

CMS - Consequence Mitigation System (Sistema de Mitigação de Consequências)

DCS – Distributed Control System (SDCD - Sistema Digital de Controle Distribuído)

EPA - Environmental Protection Agency (Agencia de Proteção Ambiental - EUA)

HAZOP - Hazards and Operability Study (Análise de Perigos Operacionais)

HSE - Health, Safety, and Environmental (SSMA - Saúde, Segurança e Meio Ambiente)

IEC - International Electrotechnical Commission (Comissão Eletrotécnica Internacional)

ISA - International Society for Automation (Associação Internacional de Automação)

IPL - Independent Protection Layer (Nível Independente de Proteção)

HIPPS - High Integrity Pressure Protection System
 (Sistema de Proteção de Pressão de Alta Integridade)

LOPA - Layer of Protection Analysis (Análise das Barreiras de Proteção)

NFPA - National Fire Protection Association (Associação Nacional de Proteção ao Fogo - EUA)

OSHA - Occupational Safety and Health Administration
 (Administração de Saúde e Segurança Ocupacional - EUA)

PFD - Probability of Failure on Demand (Probabilidade de Falha sob Demanda)

PFDavg - Probability of Fail on Demand average (Probabilidade média de Falha sob Demanda)

P&ID - Piping and Instrumentation Diagram (Fluxograma de Engenharia)

PHA - Process Hazards Analysis (APP - Análise dos Perigos de Processo)

PLC - Programmable Logic Controller (CLP - Controlador Lógico Programável)

PRV - Pressure Relief Valve (Válvula de Alívio de Pressão)

PSV - Pressure Safety Valve (Válvula de Segurança de Pressão)

SIF – Safety Instrumented Function (Função Instrumentada de Segurança)

SIL - Safety Integrity Level (Nível de Integridade da Segurança)

SIS - Safety Instrumented System (Sistema Instrumentado de Segurança)

SOP - Standard Operating Procedure (Procedimento Operacional Padrão)

TMEL - Tolerance Maximum Event Likelihood (Probabilidade Máxima Tolerável para o Evento)

Apêndice B - Definições

% Falha Segura   Parcela do total de falhas de um dispositivo que tendem a iniciar a ação da segurança, por isto denominada falha segura. A parcela restante do total das falhas e chamada de falha perigosa, dado que estas falhas tendem a inibir o início da ação de segurança. Isto é diferente da Fração de Falha Segura (SFF), tal como definido pela IEC 61508 e IEC 61511, que inclui as falhas perigosas que podem ser detectadas.

Abrangência do Teste Comprovado   É a porcentagem das falhas que são detectadas e reparadas durante o teste funcional completo do equipamento, prova do equipamento. Um teste 100% comprovado significa que o sistema tem sua capacidade de operação completamente restaurada, sendo teoricamente zero a probabilidade de falha imediatamente após a sua recolocação em operação.

Categoria de Falha   Um dispositivo pode falhar em qualquer uma das quatro categorias de falha descritas pelo tipo da falha (segura ou perigosa) e pela capacidade de diagnóstico da falha: SD – Segura e Detectada, DD – Perigosa e Detectada, SU - Segura Não detectada e DU – Perigosa e Não detectada, conforme ISA TR84.00.02

Cobertura do Diagnóstico   Uma medida da capacidade do sistema de auto-detecção de falhas. Para SIS com capacidade de detecção de falhas ativas, é a relação entre a quantidade de falhas detectadas e a quantidade total de falhas.

Cd   Cobertura do diagnóstico para falhas perigosas. É a capacidade de um sistema em detectar e diagnosticar falhas que levem ou possam levar o dispositivo a falhar sem que seja atingido um estado seguro.

Cs   Cobertura do diagnóstico para falhas seguras. É a capacidade de um sistema em detectar e diagnosticar falhas que levem ou possam levar o dispositivo a falhar e provocar a ação para atingir o estado seguro.

Confiabilidade   É a probabilidade de um dispositivo estar apto a desempenhar sem falhas, a função para a qual foi concebido, nas condições previstas, durante um determinado período de tempo.

Demanda   Uma condição ou evento que exige que o SIS desencadeie ações para evitar que um evento perigoso ocorra.

Desligamento Espúrio Refere-se ao desligamento do processo por razões não associadas a um problema no processo, para o qual o SIS foi projetado, (por exemplo: o desligamento resulta da falha de um dispositivo, falha de software, transiente ou interferência). Outros termos utilizados incluem "atuação falsa" ou "Desligamento Indevido".

Disponibilidade É a calculada probabilidade de que um dispositivo estará operando corretamente ao longo do tempo. Esta é uma medida do "tempo em atividade", que considera a detecção e o reparo da falha em adição à sua taxa de falha.

DTT Deenergize-To-Trip – Atua ao Desligar, significa que as saídas do SIS estão energizadas nas condições normais de operação. A remoção da fonte de energia (exemplo: eletricidade ou pressão de ar) dá início à ação de segurança.

ETT Energize-To-Trip – Atua ao Ligar, significa que as saídas do SIS estão desenergizadas nas condições normais de operação. A aplicação da fonte de energia (exemplo: eletricidade ou pressão de ar) dá início à ação de segurança.

Falha Aleatória de Equipamento É uma falha que ocorre em um momento aleatório, resultante de um ou mais dos possíveis mecanismos de degradação dos equipamentos. Falhas aleatórias de equipamentos não são resultado de falhas humanas na sua concepção, programação ou manutenção do sistema.

Falha Segura Capacidade de uma Função Instrumentada de Segurança de levar o processo à uma condição predeterminada e segura, quando da ocorrência de um mal funcionamento qualquer, em geral perda de energia elétrica ou pneumática.

Fator Beta (β) Porcentagem das falhas de um dispositivo especifico que são atribuídas a falhas de modo comum.

FMEDA Failure Modes Effects and Diagnostics Analysis - Análise dos Efeitos e Diagnósticos dos Modos de Falha, é um método para determinar as taxas de falha, a fração de falha segura (SFF) e a cobertura do diagnóstico, que são requisitos para a verificação de que equipamentos estão de acordo com os requisitos da IEC 61508.

Intervalo de Teste Comprovado   Intervalo de tempo entre a realização dos testes comprovados em um equipamento ou função.

Modo Comum   Refere-se às falhas que levam dois ou mais dispositivos à um estado de falha, tendo como origem um único evento de falha. O evento de origem da falha pode ser interno ou externo ao sistema.

MTTF   Mean Time To Failure – Tempo Médio Para Falhar, é a expectativa da média de tempo transcorrido entre a entrada em operação de um sistema até o momento da sua falha.

MTTF^{SPURIOUS}   Mean Time To Fail SPURIOUS – Tempo Médio Para Falha ESPÚRIA, é a expectativa da média de tempo até que o sistema cause uma ação de segurança, sem que as condições para tal estejam presentes. Isso é chamado de desligamento espúrio porque implica em uma falha do sistema, porém ocorre no sentido do estado seguro.

MTTR   Mean Time To Repair – Tempo Médio Para Reparação, é o cálculo da expectativa da média de tempo necessário para reparação de um componente, desde o momento da sua detecção até o seu retorno a operação normal.

PFD   Probabilidade de Falha sob Demanda, significa a probabilidade de uma função instrumentada de segurança falhar perigosamente e não ser capaz de executar sua função de segurança quando necessário. PFD pode ser determinado como uma probabilidade média ou máxima em um período de tempo especifico, que geralmente é o intervalo de teste comprovado. A norma IEC 61508/61511 e a ISA 84.00.01 usam a PFD média como referência para a definição do SIL de uma Função Instrumentada de Segurança. A PFD está relacionada com a quantidade de redução de risco provida por uma Função Instrumentada de Segurança.

Redundância   Utilização de vários componentes para executar a mesma função. A redundância pode ser implementada por elementos idênticos (redundância idêntica) ou por elementos diversos (redundância diversa). A redundância é usada principalmente para melhorar a confiabilidade ou os modos de falha comum.

Restrições arquitetônicas   Limitações impostas à arquitetura ou aos componentes selecionados para a implementação de uma função instrumentada de segurança, independentemente do desempenho calculado para um subsistema em termos de PFDavg. As restrições são especificas (na IEC 61508-2 Tabela 2 e IEC 61511-Tabela 5) e exigem tolerância mínima dos graus de falha. As restrições arquitetônicas são estabelecidas de acordo com o SIL requerido do subsistema (isto é: sensores, lógica de resolução, elementos finais), "tipo" de componentes usados e Fração de Falhas Seguras (SFF) dos componentes do subsistema. Os componentes de tipo A são dispositivos simples que não incorporam microprocessadores cujos modos de falha são bem compreendidos, e os dispositivos do tipo B são os dispositivos complexos, ou seja, todos os que incorporam microprocessadores.

RRF   Risk Reduction Factor – Fator de Redução de Risco, é o inverso matemático da PFDavg de uma Função Instrumentada de Segurança. É a medida da quantidade de redução de risco provida por uma Função instrumentada de Segurança, desde que a função seja usada como forma preventiva, e possua cobertura de diagnóstico de 100% das condições do processo que podem resultar em um perigo de processo. RRF igual a 100 implica que a Função Instrumentada de Segurança prove uma redução de risco calculada em um fator de 100 vezes.

SSF   Safe Failure Fraction – Fração de Falha Segura, é a parcela do total de falhas de um equipamento, que resulta em falha segura ou em falha insegura detectada. O cálculo da fração de falha segura inclui as falhas perigosas detectáveis, quando essas falhas são identificadas e ocorre a reparação ou é ativada uma ação de desligamento após a detecção da falha. Este termo está especificamente definido na IEC 61508 e é uma parte crítica dos processos de certificação de equipamentos de segurança.

SIF – Safety Instrumented Function   Função Instrumentada de Segurança, é um conjunto de ações específicas a serem tomadas em determinadas circunstâncias, para levar o processo de uma situação potencialmente insegura para um estado seguro.

Para definir adequadamente uma SIF, devem ser abordadas as seis considerações seguintes:

    i. O perigo que está sendo prevenido ou mitigado pela SIF

    ii. Evento(s) inicial(ais) ou causas do perigo

iii. Entradas ou formas de detectar todos os eventos iniciadores
iv. Conexões lógicas de entradas e saídas
v. Saídas ou ações necessárias para levar o processo a um estado seguro
vi. Tempo necessário para levar o processo a um estado seguro, uma vez que o risco potencial seja detectado numa das entradas

SIL – Safety Integrity Level   Nível de Integridade da Segurança, é a medida quantitativa da efetividade de uma Função Instrumentada de Segurança. O SIL é definido pela ISA 84.00.01 e pela IEC 61511/61508 em faixas de ordens de magnitude da PFD como mostrado abaixo.

Nivel de Integridade da Segurança (SIL)	Probabilidade média de Falha sob Demanda (PFDavg)	Fator de Redução do Risco
4	10^{-4} até 10^{-5}	10.000 até 100.000
3	10^{-3} até 10^{-4}	1.000 até 10.000
2	10^{-2} até 10^{-3}	100 até 1.000
1	10^{-1} até 10^{-2}	10 até 100

SIS   Sistema Instrumentado de Segurança, é a implementação de uma ou mais Funções Instrumentadas de Segurança. Um SIS é um sistema composto por qualquer combinação de sensores, lógica de resolução e elementos finais.

Tolerância a Falhas   Capacidade de um subsistema (sensores, lógica de resolução, elementos finais) em continuar a executar sua função, na presença de um número limitado de falhas do equipamento.

Votação   Sistemas redundantes (exemplo: M de N, 1oo2 – um de dois ou 2oo3 – dois de três) que requerem que pelo menos M dentre N informações estejam de acordo, para que o sistema inicie uma ação de segurança.

Apêndice C – Frequências Típicas para os Eventos Iniciadores

Abaixo são mostradas algumas situações comuns de processo e as suas respectivas probabilidades de falha.

Evento Inicial	Probabilidade de Falha (Eventos por Ano)
Falha no instrumento do Controle Básico de Processo, incluindo: sensor, controlador ou elemento final. Inclui falhas de equipamentos, bem como erros operacionais. Nota: A IEC 61511 limita a probabilidade de uma falha no SBCP não superior a 9E-2 / ano (IEC, 2003)	10^{-1}
Erro do operador para executar um procedimento de rotina, assumindo-se que está bem treinado, sem tensão e não cansado.	10^{-2} Por Intervenção
Falha na preparação para a execução de manutenção, no retorno à operação após manutenção ou no procedimento LOTO (Lock-out tag-out).	10^{-2} Por intervenção
Falha de bomba devido a problemas mecânicos (falha de bomba funcionando normalmente). Não inclui perda de energia.	10^{-1} ou ver histórico
Falha de compressor ou de ventilador devido a problemas mecânicos. Não inclui perda de energia.	10^{-1} ou ver histórico
Falha de regulador autonomo de pressão	10^{-1}
Falha na água de resfriamento (bombas redundantes, diversas saídas)	10^{-1}
Falta de Energia (Fontes de energia redundantes)	10^{-1}
Falha de Equipamento fixo (exemplo: falha de trocador de calor)	10^{-2}
Falha de vaso de pressão	10^{-6}
Falha de tubulação - seção de 100 metros - Rompimento total	10^{-5}
Vazamento de tubulação - 100 metros	10^{-3}
Falha de tanque atmosférico	10^{-3}
Vazamentos de juntas e gaxetas	10^{-2}
Falhas com mangueiras em carga ou descarga	10^{-1}
Outros eventos iniciais	Considerar a experiência da equipe

Apêndice D – Barreiras Típicas de proteção

A seguir são mostradas algumas das camadas comuns de proteção e os seus respectivos créditos típicos de efetividade.

Redução de risco sugeridas para Barreiras de Proteção Independentes

Barreira	Restrições adicionais em considerar como Barreira de Proteção Independente	Redução Risco
Intervenção do operador usando procedimentos operacionais	A ação deve ser independente da causa inicial e de qualquer outra Barreira de Proteção Independente. Se a causa inicial é decorrente de uma ação de operador, nenhuma Barreira de Proteção Independente deve ser atribuída a qualquer ação de operador, que considere o mesmo operador para reconhecer o problema e corrigi-lo rapidamente. Se a causa inicial for o Sistema Básico de Controle, nenhuma Barreira de Proteção Independente deve ser atribuída a qualquer ação de operador que dependa das informações do Sistema Básico de Controle (por exemplo: indicações das condições do processo).	
	Rondas e inspeções de processo: A frequência das rondas do operador deve ser suficiente para detectar possíveis incidentes. Se a identificação da variável de processo for exigida, o operador deve registrar os valores específicos dos sensores ou válvulas, independentemente da causa inicial. O registro deve mostrar os valores inaceitáveis e fora da faixa. O Procedimento Operacional deve descrever as ações a serem tomadas em resposta a valores fora da faixa.	1
	Observações: A frequência das observações do operador deve ser suficiente para detectar possíveis incidentes e mitigar o cenário final. O incidente iminente deve ser óbvio para o operador, seja audio ou visualmente (exemplo: ruído alto, alta vibração, vazamento grave, etc.)	1
	Revisão: A revisão de supervisão e assinatura de que o trabalho está completo e correto, antes de inicializar ou retornar um componente à operação, deve ser independente.	1
	Ação: Uma ação de operador que usa um outro operador diferente, confiando na observação independente.	1

Barreira	Restrições adicionais em considerar como Barreira de Proteção Independente	Redução Risco
	Ação corretiva: Uma ação corretiva do operador, considerando um cenário onde a propagação do evento é suficientemente lenta para que o operador tenha o tempo necessário para reconhecer o erro e corrigi-lo.	1
	Alarme: O alarme e a resposta do operador, devem ser examinados para garantir que sejam independentes da causa inicial ou de qualquer outra Barreira de Proteção Independente. Isso inclui não apenas a existência de instrumentação independente no campo, mas também um canal independente no Sistema Básico de Controle e a independencia do operador (operador diferente). Apenas um alarme alocado no Sistema Básico de Controle, ou uma função deste, pode ser considerado como uma Barreira de Proteção Independente. O crédito associado a alarmes com resposta pelo operador baseia-se na quantidade de tempo disponível para a ação e na localização onde deve ocorrer a resposta. Consulte a tabela de restrições de tempo do operador para obter mais informações.	Ver Tabela 6
Sistema Básico de Controle de Processo	O Sistema Básico de Controle deve ser independente da causa inicial e de qualquer outra Barreira de Proteção Independente. Se a causa inicial for uma malha do sistema de controle, nehuma outra malha do sistema de controle pode ser entendida como uma Barreira de Proteção Independente; a menos que seja realizado um estudo detalhado do sistema de controle, para assegurar a independência e redundância suficientes para evitar as falhas de modo comum. A Redução de Risco associada ao Sistema Básico de Controle é limitada a 1 pela IEC 61511.	
	Ação normal das malhas de controle que vão mitigar a situação. O Sistema de Controle, como Barreira de Proteção Independente, deve estar operacional e em "automático" ao longo de todas as fases operacionais onde o cenário do acidente possa existir.	1
	Intertravamentos do Sistema Básico de Controle (NÃO implementados em uma lógica de resolução separada e dedicada) onde todas as causas podem ser verificadas como independentes de falha da lógica de resolução do sistema de controle.	1

Barreira	Restrições adicionais em considerar como Barreira de Proteção Independente	Redução Risco
	Intertravamentos do Sistema Básico de Controle (NÃO implementados em uma lógica de resolução separada e dedicada) onde não é possivel verificar que todas as causas são independentes de falha da lógica de resolução do sistema de controle.	0
Outros	A Barreira de Proteção deve ser independente da causa inicial e de qualquer outra Barreira de Proteção. Também deve ter sido concebida para mitigar o cenário.	
Válvula de Retenção	Válvula de retenção simples	0
	Válvulas de retenção duplas em série	1
Corta Chamas	Deve ser projetado para mitigar o cenário	1 ou 2
Quebra Vácuo	Deve ser projetado para mitigar o cenário	1 ou 2
Orifício de Restrição	Deve ser projetado para mitigar o cenário	1 ou 2
Regulador de Pressão	Deve ser projetado para mitigar o cenário	1
Equipamento Especial de Proteção Pessoal	Equipamentos especiais de proteção individual, que não são normalmente usados pelo pessoal de operação ou de manutenção, mas que fazem parte do procedimento operacional estabelecido. Estas EPIs incluem luvas, roupas contra fogo, respiradores, aparelhos autonomos de respiração, etc. O usuário do equipamento deve ser treinado no uso do EPI.	1
Sistema Instrumentado de Segurança	Deve ser independente do do Sistema Básico de Controle. A Redução de Risco está baseada no SIL, que é atingida ao longo do seu completo ciclo funcional de desenvolvimento.	
	SIL 1	1
	SIL 2	2
	SIL 3	3

Tabela 6 - Redução de Risco sugerida para a resposta do operador como Barreira de Proteção Independente

Para todas as citações na tabela abaixo: O alarme e a resposta do operador, devem ser avaliados, para garantir que os componentes e as ações são independentes da causa inicial. Em todos os casos, o alarme não deve ser "reinicializável" pelo operador. O tempo de resposta do operador: deve considerar o tempo necessário para reconhecer o alarme, diagnosticar o problema e iniciar suas ações. Isto deve ser comparado com o tempo usual para que o processo se altere da condição de alarme para a condição de incidente.					
Tempo (min)	**Local**	**Envolvidos**	**Restrições**	**Redução Risco**
<10	Qualquer	não importa	O operador deve solucionar o alarme e determinar a resposta apropriada.	(nenhum)
2 a 10	Sala de Controle	Um operador	Resposta exercitada, também conhecida como resposta "nunca exceder ou nunca ultrapassar". Se o alarme for acionado, o operador deve executar sempre uma ação específica sem demora. O efetivo também deve ser adequado para que sempre haja um operador presente para responder ao alarme. Obs.: Se o operador tiver que solucionar o alarme em menos que 10 minutos, não é uma quantidade de tempo suficiente, nenhuma redução de risco deve ser considerada.	1
>10	Sala de Controle	Um operador	A ação do operador é complicada, ou seja: Multiplos alarmes são gerados por uma mesma causa inicial e a resposta não é clara ou não está documentada.	(nenhum)

Tempo (min)	Local	Envolvidos	Restrições	Redução Risco
>10	Sala de Controle	Um operador	O operador é treinado na resposta ao alarme, possui procedimentos disponíveis para examinar e praticar a ação periodicamente.	1
>10	Sala de Controle	Dois operadores	Todos os operadores devem receber a mesma informação. Ambos os operadores podem executar respostas independentes que mitigam completamente o evento. O alarme não pode ser "reinicializado" pelo operador. Os operadores são treinados na resposta ao alarme, têm procedimentos disponíveis para examinar e praticar a ação periodicamente.	2
>30	Campo	Um operador	O operador é treinado na resposta ao alarme, possui procedimentos disponíveis para examinar e praticar a ação periodicamente	1
>30	Campo	Dois operadores	Todos os operadores devem receber a mesma informação. Ambos os operadores podem executar respostas independentes que mitigam completamente o evento. O alarme não pode ser "reinicializado" pelo operador. Os operadores são treinados na resposta ao alarme, têm procedimentos disponíveis para examinar e praticar a ação periodicamente.	2

Tabela 7 - Redução de Risco sugerida para Sistema Mitigador de Consequências

Mitigador	Restrições adicionais para considerar como Barreira de Proteção Independente	Redução Risco
Válvula de Segurança	Fluído limpo. A Válvula de Segurança deve ser dimensionada para mitigar completamente o cenário.	2
	Mais de uma Válvula de Segurança está disponível para mitigar o cenário de sobrepressão. Cada Válvula de Segurança deve ser capaz de aliviar de forma independente a sobrepressão. Cada Válvula de Segurança deve ser dimensionada para mitigar completamente o cenário.	2 ou 3
	Mais de uma Válvula de Segurança está disponível, mas é necessária mais do que uma para mitigar a carga total. Isso inclui Valvulas de Segurança com atuação por etapas. Para obter Redução de Risco maior que 1, os cálculos das Válvulas de Segurança devem ser revisados para determinar se a carga pode ser tratada com sucesso por cada uma das Válvulas de Segurança, com base no cenário específico da análise.	1
	Fluído Viscoso, ou seja: propenso a obstrução, polimerização, deposição, ou existe histórico de falhas ao não funcionar corretamente quando testado. Uma Válvula de Segurança desprotegida, usada em um fluído viscoso não é considerada como uma Barreira de Proteção Independente.	(nenhum)
	Fluído Viscoso, ou seja: propenso a obstrução, polimerização, deposição, ou existe histórico de falhas ao não funcionar corretamente quando testado. Válvulas de Segurança redundantes com conexões ao processo separadas. Cada Válvula de Segurança deve ser dimensionada para mitigar completamente o evento.	1
	Fluído Viscoso, ou seja: propenso a obstrução, polimerização, deposição, ou existe histórico de falhas ao não funcionar corretamente quando testado. Válvula de Segurança integrada com disco de ruptura. Ambos os dispositivos devem ser dimensionado para mitigar completamente o cenário.	1

Mitigador	Restrições adicionais para considerar como Barreira de Proteção Independente	Redução Risco
Válvula de Segurança	Fluído Viscoso, ou seja: propenso a obstrução, polimerização, deposição, ou existe histórico de falhas ao não funcionar corretamente quando testado. Válvula de Segurança integrada a disco de ruptura com purga. Ambos os dispositivos devem ser dimensionado para mitigar completamente o cenário.	1 ou 2
Disco de Ruptura	Deve ser projetado para mitigar completamente o cenário. Deve ser avaliado o Risco Potencial do descarte.	2
Parede contra Explosão	Parede contra explosão relacionada ao processo. Não tem relação com o projeto da sala de controle. A parede contra explosão normalmente é projetada para conter ou direcionar a explosão para fora da unidade de processo principal.	Necessita avaliação adicional

Apêndice E – Equações Simplificadas para PFDavg e Taxa de Falha Espúria

Esta seção contém equações simplificadas, de forma geral como apresentado no relatório técnico ISA 84.00.02 para o cálculo da probabilidade média de falha sob demanda para Funções Instrumentadas de Segurança e seus subsistemas. A aplicação correta destas equações depende dos seguintes pressupostos quanto ao projeto do sistema:

Hipóteses Gerais Aplicáveis aos Métodos de Cálculo

- A taxa de falha de um sensor é composta por todos os componentes do sensor. Isso inclui os elementos de detecção, outros sistemas internos eletrônicos ou pneumáticos e o transmissor. Também inclui a fiação de campo, terminais intermediários e/ou a montagem dos terminais, até, mas não incluindo, o módulo de entrada da lógica de resolução.
- As taxas de falha do sensor listadas neste livro de forma geral NÃO incluem componentes externos especiais, como barreiras de isolamento, condicionadores externos de sinais, transdutores externos de sinal, repetidores de sinal e outros equipamentos similares. Se esses dispositivos são utilizados, suas taxas de falha devem ser determinadas e incorporadas à taxa de falha do sensor para determinar a taxa de falha de todos os componentes dentro da malha do sensor.
- A taxa de falha da lógica de resolução é composta por todos os componentes do dispositivo. Isso inclui os módulos entrada e saída, processador(es), fontes de energia e outros componentes que possam afetar a funcionalidade da SIF.
- A taxa de falha da interface do elemento final é composta de todos os componentes da interface do elemento final. Isso inclui o módulo de saída da lógica de resolução até os componentes eletrônicos usados nesta interface.
- A taxa de falha do elemento final é composta por todos os componentes entre a interface do elemento final e o elemento de controle final usado para levar o processo à um estado seguro (tipicamente válvulas de processo ou motores).
- As taxas de falha para dispositivos da interface dos elementos finais e dos elementos finais, listados neste livro, no geral NÃO incluem componentes externos especiais, como barreiras de isolamento,

transdutores externos, repetidores e outros equipamentos similares. Se esses dispositivos são utilizados, suas taxas de falha devem ser determinadas e incorporadas à taxa de falha dos outros componentes dentro da malha do elemento final.

- As taxas de falha incluídas nos cálculos são constantes ao longo do período do teste funcional. Falhas de desgaste não estão incluídas nos cálculos.
- As taxas de falha para componentes redundantes utilizados dentro de um grupo de votação de sensores são idênticas. As taxas de falha são para um único elemento do sistema. Se a configuração de votação for 2oo3 transmissores, a taxa de falha NÃO deve ser três vezes o valor do transmissor único.
- O Intervalo de Teste é muito mais frequentemente que o Tempo Médio para Falha do dispositivo (MTTF).
- Assume-se que o Tempo Médio para Reparo (MTTR), que inclui o tempo necessário para detectar e o tempo para o reparo, seja menor do que o Tempo médio para falha (MTTF).
- Um teste bem sucedido ou qualquer tipo de manutenção feita ao sistema, são considerados 100% efetivos, ou seja: considera-se que um teste funcional completo resulta em um sistema "tal como novo".
- Os elementos finais foram projetados, configurados e instalados para falhar no estado seguro. Por exemplo: uma válvula que deve fechar para bloquear o fornecimento de vapor a um trocador de calor, foi projetada para falhar fechada.
- As falhas de "acionamentos" primários, que operam equipamentos tais como bombas, sopradores, compressores (ou seja: motores elétricos ou acionamentos de turbinas) são assumidas como indo para o estado desenergizado, e as falhas dos acionamentos primários não estão incluídas nos cálculos de PFD ou MTTFS.
- As falhas no fornecimento de energia colocam o sistema na condição desenergizada. Quando ocorre uma falha perigosa detectada, o SIS imediatamente produz uma ação automática para levar o processo a um estado seguro (antes que ocorra uma demanda), ou a lógica de resolução anuncia a falha e se altera para um modo de operação onde o processo continuará a ser monitorado e o SIS será capaz de tomar a ação automática de segurança, se necessário.

- Salvo indicação em contrário, presume-se que, quando o sistema de diagnóstico detectar uma falha do equipamento, o SIS tomará a ação automática de levar o processo à um estado seguro (antes que ocorra uma demanda, ou seja: instantaneamente ou com um atraso mínimo) ou então a lógica de resolução anuncia a falha e se altera para um modo de operação onde o processo continuará a ser monitorado e o SIS será capaz de automaticamente tomar uma ação de segurança, se ocorrer uma demanda antes de que o sistema seja restaurado à plenitude do seu estado de funcionamento.

Equações Simplificadas para PFDavg

Uma SIF pode ser considerada como composta por quatro componentes ou subsistemas principais: o sensor, a lógica de resolução, a interface do elemento final e o elemento final.

O sensor é o subsistema que detecta e retransmite um parâmetro de processo para o SIS. Exemplos de sensores incluem transmissores de pressão, chaves de nível ou termopares. Quando existem vários sensores, que agem num sistema de votação para a tomada de uma ação de segurança, o subsistema de sensores consiste em todos os elementos sensores aí envolvidos.

A lógica de resolução é o subsistema que executa a lógica para acionar as medidas de segurança. A lógica de resolução geralmente é um tipo de CLP, embora quando usado um relé ou uma rede de relés, ao invés de um CLP, esses relés serão considerados como a lógica de resolução, podendo como tal ser modelados.

A interface do elemento final, é o subsistema que é comumente usado para interagir entre a lógica de resolução e o elemento final. São exemplos: válvulas solenoides que agem sobre válvulas de controle, ou contatos de relés eletromecânicos que interagem no desligamento de um motor.

O elemento final é o subsistema que efetivamente atua para levar o processo ao estado seguro e, portanto, estará em contato direto com o processo. Exemplos de elementos finais são: uma válvula de bloqueio que interrompe o fornecimento de gás combustível para um aquecedor, ou uma bomba que deixa de alimentar um tanque. É comum que o elemento final do SIS esteja diretamente em contato com o processo.

Embora seja possível incluir a interface na taxa de falha do elemento final, há situações em que é simples considerar a interface separadamente do elemento final. Por exemplo: se um único solenoide fecha duas válvulas (em série) como parte da função de segurança. O solenoide vota 1oo1, mas as válvulas votam 1oo2.

A PFDavg é calculada separadamente para o sensor, o elemento final, a interface do elemento final e as partes da lógica de resolução na SIF. O PFDavg geral para a SIF a ser avaliada é obtido somando os componentes individuais. O resultado é o PFDavg para a função instrumentada de segurança.

$$PFD_{avg,SIF} = PFD_{avg,Sensor} + PFD_{avg,LogRes} + PFD_{avg,ElFinal} + PFD_{avg,IntElFinal}$$

Nos sistemas simples, as fórmulas de PFD a serem usadas para cada subsistema, dependem da organização da votação dentro desses subsistemas. Assim, para uma determinada função instrumentada de segurança, pode ser necessário inserir a fórmula de votação 2oo3 para os sensores, a fórmula de votação 1oo1 para o subsistema da lógica de resolução, e a fórmula de votação 1oo2 para os subsistemas dos elementos finais e da interface dos elementos finais.

1oo1 $$PFD_{avg} = \left[\lambda^{DU} \times \frac{TI}{2}\right]$$

λ^{DU} é a Taxa de Falha Perigosa não Detectada

TI é o Tempo entre Testes Funcionais Completos do subsistema

1oo1D-NT $$PFD_{avg} = \left[\lambda^{DU} \times \frac{TI}{2}\right] + [\lambda^{SD} + \lambda^{DD} \times MTTR]$$

λ^{DU} é a Taxa de Falha Perigosa não Detectada

λ^{DD} é a Taxa de Falha Perigosa Detectada

λ^{SD} é a Taxa de Falha Segura Detectada

TI é o Tempo entre Testes Funcionais Completos do componente

$MTTR$ é o Tempo Médio Para Reparo de qualquer falha detectada no componente (segura ou perigosa). Um MTTR de 72 horas é normalmente assumido, contudo cada instalação deve analisar seus procedimentos de manutenção para confirmar que isto é praticável.

Esta equação pressupõe que a detecção de falha segura ou perigosa de um único componente ou canal, num sistema redundante, resulta apenas numa condição de alarme (ou seja: o sistema está configurado de forma que as falhas diagnosticadas NÃO consideram esse componente ou canal para efeito de votação quanto ao início da ação de segurança). Considera-se que as ações de reparação começam imediatamente e são concluídas dentro do MTTR.

1002 $$PFD_{avg} = \left[(\lambda^{DU})^2 \times \frac{TI^2}{3}\right] + \left[\beta \times \lambda^{DU} \times \frac{TI}{2}\right]$$

λ^{DU} é a Taxa de Falha Perigosa não Detectada

TI é o Tempo entre Testes Funcionais Completos do componente

β é a fração de falha de modo comum, um parâmetro com valores entre 0 e 1, que representa a parcela das falhas que resultam na desativação de todos os componentes redundantes de um mesmo subsistema. A falha de modo comum afeta apenas subsistemas com componentes redundantes. Valores conservadores de β são 0,1 para sensores e 0,05 para elementos finais, a menos que outros dados estejam disponíveis. As variáveis que afetam a falha de modo comum incluem condições ambientais, eventos externos imprevistos e falhas sistemáticas.

Esta equação assume que a detecção de falha perigosa em qualquer componente, ou canal, num sistema redundante, resulta no início da ação de segurança; ou seja: o sistema está configurado de forma que em ocorrendo o diagnóstico de uma falha, o componente ou canal no sistema de votação é considerado como votando pelo início da ação.

Nota: É uma alternativa aceitável usar o Fator de Tolerância a Falhas, e aproximar o primeiro termo da equação utilizando Matemática Booleana.

2002 $$PFD_{avg} = [\lambda^{DU} \times TI]$$

λ^{DU} é a Taxa de Falha Perigosa não Detectada

TI é o Tempo entre Testes Funcionais Completos do componente

Esta equação assume que a detecção de falha perigosa em qualquer componente, ou canal, num sistema redundante, resulta no início da ação de segurança; ou seja: o sistema está configurado de forma que em ocorrendo o diagnóstico de uma falha, o componente ou canal no sistema de votação é considerado como votando pelo início da ação.

2003
$$PFD_{avg} = [(\lambda^{DU})^2 \times (TI)^2] + \left[\beta \times \lambda^{DU} \times \frac{TI}{2}\right]$$

λ^{DU} é a Taxa de Falha Perigosa não Detectada

TI é o Tempo entre Testes Funcionais Completos do componente

β é a fração de falha de modo comum, um parâmetro com valores entre 0 e 1, que representa a parcela das falhas que resultam na desativação de todos os componentes redundantes de um mesmo subsistema. A falha de modo comum afeta apenas subsistemas com componentes redundantes. Valores conservadores de β são 0,1 para sensores e 0,05 para elementos finais, a menos que outros dados estejam disponíveis. As variáveis que afetam a falha de modo comum incluem condições ambientais, eventos externos imprevistos e falhas sistemáticas.

Esta equação assume que a detecção de falha perigosa em qualquer componente, ou canal, num sistema redundante, resulta no início da ação de segurança; ou seja: o sistema está configurado de forma que em ocorrendo o diagnóstico de uma falha, o componente ou canal no sistema de votação é considerado como votando pelo início da ação.

Nota: É uma alternativa aceitável usar o Fator de Tolerância a Falhas, e aproximar o primeiro termo da equação utilizando Matemática Booleana.

Cálculos para Grupos de Votação

Eventualmente, um subsistema irá conter dois ou mais grupos de sensores de tipos não idênticos. Por exemplo: considere um reservatório de processo onde o nível baixo é um perigo potencial; a função de segurança pode ser ativada por dois transmissores de nível ΔP com votação 2oo2; se esse reservatório tiver também um transmissor de nível com flutuador que independentemente ative a mesma função; qual o método correto para determinar a PFD do subsistema geral?

Para uma SIF onde a redundância dos grupos é de um tipo não idêntico, os cálculos da PFD globais dependem de como são as votações dos grupos de sensores. Se qualquer UM dos grupos de sensores pode ativar a função de forma independente, o grupo lógico de votação é chamado de 1ooX. Se são necessários os votos de TODOS os grupos de sensores para ativar a função, o grupo lógico de votação é chamado XooX.

Uma vez que o grupo lógico de votação é determinado, o cálculo da PFD do subsistema global é direto e imediato. As equações para o subsistema de sensores são:

Lógica de Grupo **1ooX**
$$PFD_{avg,S} = \prod PFD_{avg,Si}$$

Lógica de Grupo **XooX**
$$PFD_{avg,S} = \sum PFD_{avg,Si} - \prod PFD_{avg,Si}$$

Quando uma SIF utiliza duas ou mais lógicas de resolução o cálculo geral de PFDavg para o subsistema da lógica de resolução é:

$$PFD_{avg,LS} = \sum PFD_{avg,LSi}$$

Quando dois ou mais grupos de elementos finais foram usados em uma SIF onde a redundância entre os grupos é de tipo não idêntico, os cálculos da PFD para o subsistema de elementos finais são:

Lógica de Grupo **1ooX**
$$PFD_{avg,FE} = \prod PFD_{avg,FEi}$$

Lógica de Grupo **XooX**
$$PFD_{avg,E} = \sum PFD_{avg,FEi} - \prod PFD_{avg,FEi}$$

Cálculos do Fator de Redução de Risco Atingido

O Fator de Redução de Risco atingido (RRF) para uma SIF é o inverso matemático do PFDavg para essa SIF. É representado por um número que correspondente ao fator com que a SIF reduz a probabilidade de ocorrência do evento perigoso, ao qual pretende prevenir.

$$RRF = \frac{1}{PFD_{avg}}$$

Cálculos da Taxa de Falha Espúria (STR)

Em um SIS, frequentemente, o primeiro quesito considerado é a PFD, que indica a probabilidade de que o sistema não esteja disponível no momento que for solicitado. No entanto, um outro conceito é crítico na concepção eficaz de um SIS; é a frequência com a qual ele desliga o sistema acidentalmente, devido a uma falha aleatória em um ou mais componentes dos equipamentos.

Falhas aleatórias dos equipamentos que levam o sistema a um estado seguro ou desligado, são chamadas de "Falhas Espúrias", "Desligamentos Indesejáveis" ou "Falhas Seguras". No entanto, no mundo real: nenhuma falha "segura" é verdadeiramente segura, porque em muitas situações criam uma perturbação no processo, e podem significar a necessidade de reinicializar a operação de equipamentos complicados e perigosos, tais como caldeiras ou grandes reatores. Dado que muitos acidentes acontecem durante as operações de partida e/ou parada de unidades, minimizar a quantidade de Falhas Espúrias é fundamental para a operação segura de uma planta de processo.

A taxa de falha espúria (STR) é a frequência (medida em unidades de tempo) na qual um componente do sistema irá falhar e causar um desligamento espúrio. O inverso da taxa de falha espúria é chamado de Tempo Médio para Falha Espúria (MTTFS), que é a expectativa do tempo médio entre falhas espúrias para este componente ou sistema.

A STR é calculada individualmente para cada um dos elementos da SIF, considerando os sensores, os elementos finais (incluindo as interfaces dos elementos finais) e a lógica de resolução (incluindo a fonte de alimentação). O STR geral da SIF é obtido somando-se os componentes individuais. O resultado é o STR para a Função Instrumentada de Segurança.

$$STR_{SIF} = \sum STR_{Si} + \sum STR_{LSi} + \sum STR_{Fei}$$

Nota: $MTTF^{Spurious} = \dfrac{1}{STR}$

1001 $STR = \lambda^S + \lambda^{DD}$

λ^S é a Taxa de Falha Segura para o componente, incluindo ambas a taxa de falha segura detectada λ^{SD} e a taxa de falha segura não detectada λ^{SU}

λ^{DD} é a Taxa de Falha Perigosa Detectada para o componente

Esta equação pressupõe que a detecção de uma falha segura ou insegura de qualquer componente, ou canal, deste sistema não redundante, resulta no início da ação de segurança (ou seja: o sistema está configurado de forma a que condições diagnosticadas de falha levem o componente ou canal a "votar" pelo início da ação de segurança).

1001D-NT $STR = \lambda^{SU}$

λ^{SU} é a Taxa de Falha Segura não detectada do componente

Esta equação assume que a detecção de uma falha segura ou perigosa de qualquer componente, ou canal, em um sistema redundante, resulta apenas em uma condição de alarme (ou seja: o sistema está configurado de forma que os diagnósticos de falha NÃO coloquem este componente ou canal, na condição de "votar" pelo início da condição de segurança.

1002 $STR = 2(\lambda^S + \lambda^{DD})$

λ^S é a Taxa de Falha Segura para o componente, incluindo ambas a taxa de falha segura detectada λ^{SD} e a taxa de falha segura não detectada λ^{SU}

λ^{DD} é a Taxa de Falha Perigosa Detectada para o componente

Esta equação pressupõe que a detecção de uma falha segura ou insegura de qualquer componente, ou canal, resulta no início da ação de segurança (ou seja: o sistema está configurado de forma a que condições diagnosticadas de falha levam o componente ou canal a "votar" pelo início da ação de segurança).

2002
$$STR = [2(\lambda^S + \lambda^{DD})^2 \times MTTR] + [\beta(\lambda^S + \lambda^{DD})]$$

λ^S é a Taxa de Falha Segura para o componente, incluindo ambas a taxa de falha segura detectada λ^{SD} e a taxa de falha segura não detectada λ^{SU}

λ^{DD} é a Taxa de Falha Perigosa Detectada para o componente

$MTTR$ é o Tempo Médio Para Reparo de qualquer falha detectada no componente (segura ou perigosa). Um MTTR de 72 horas é normalmente assumido, contudo cada instalação deve analisar seus procedimentos de manutenção para confirmar que isto é praticável.

β é a fração de falha de modo comum, um parâmetro com valores entre 0 e 1, que representa a parcela das falhas que resultam na desativação de todos os componentes redundantes de um mesmo subsistema. A falha de modo comum afeta apenas subsistemas com componentes redundantes. Valores conservadores de β são 0,1 para sensores e 0,05 para elementos finais, a menos que outros dados estejam disponíveis. As variáveis que afetam a falha de modo comum incluem condições ambientais, eventos externos imprevistos e falhas sistemáticas.

2003 $$STR = [6(\lambda^S + \lambda^{DD})^2 \times MTTR] + [\beta(\lambda^S + \lambda^{DD})]$$

λ^S é a Taxa de Falha Segura para o componente, incluindo ambas a taxa de falha segura detectada λ^{SD} e a taxa de falha segura não detectada λ^{SU}

λ^{DD} é a Taxa de Falha Perigosa Detectada para o componente

$MTTR$ é o Tempo Médio Para Reparo de qualquer falha detectada no componente (segura ou perigosa). Um MTTR de 72 horas é normalmente assumido, contudo cada instalação deve analisar seus procedimentos de manutenção para confirmar que isto é praticável.

β é a fração de falha de modo comum, um parâmetro com valores entre 0 e 1, que representa a parcela das falhas que resultam na desativação de todos os componentes redundantes de um mesmo subsistema. A falha de modo comum afeta apenas subsistemas com componentes redundantes. Valores conservadores de β são 0,1 para sensores e 0,05 para elementos finais, a menos que outros dados estejam disponíveis. As variáveis que afetam a falha de modo comum incluem condições ambientais, eventos externos imprevistos e falhas sistemáticas.

Apêndice F

Tabelas de Tolerância Mínima a Falhas

Cálculo da Tolerância a Falha Alcançada

A tolerância a falhas é a expressão do número de falhas que um componente, um subsistema ou uma SIF, podem tolerar e continuar a executar a função pretendida, na presença dessas falhas. De forma prática é indicada por um número inteiro, sendo 0 (zero graus de tolerância a falhas), 1 (um grau de tolerância a falhas) ou 2 (dois graus de tolerância a falhas). Um sistema simples (não redundante) tem, por definição, zero graus de tolerância a falhas.

Para cada SIF, a tolerância a falha alcançada, é calculada uma vez para o subsistema do sensor, uma vez para o subsistema de resolução lógica e uma vez para o subsistema de ação final. Esses resultados são comparados aos níveis mínimos de tolerância a falhas especificados na IEC 61511 para determinar se a necessária tolerância mínima a falhas foi alcançada. A tolerância mínima a falhas especificada na IEC 61511 é uma função do nível de SIL necessário e é mostrada abaixo.

SIL Necessário	Tolerância Mínima a Falhas Requerida
SIL 1	0
SIL 2	1
SIL 3	2

A tolerância a falhas alcançada, para cada grupo de sensores, é uma função da sua arquitetura de votação:

Arquitetura de Votação do Subsistema	Tolerância a Falhas Alcançada
1oo1	0
1oo1D-NT (Não Tolerante)	0
1oo2	1
2oo2	0
2oo3	1
1oo3	2

Se a SIF contém vários grupos de sensores (por exemplo: votação 2oo3 para a pressão e votação 1oo2 para a vazão), é necessário um passo adicional para determinar a tolerância a falhas alcançada. A tolerância a falhas alcançada para um subsistema Sensor é calculada da seguinte forma:

Lógica do Grupo de Sensores	Tolerância a Falhas Alcançada pelo Subsistema de Sensores
1oo1	(nada é ajustado)
1ooX	A tolerância a falhas alcançada é igual à soma matemática da Tolerância a Falhas Alcançada no Subsistema dos Sensores mais o número de grupos no Subsistema menos 1.
XooX	A tolerância a falhas alcançada é igual à menor tolerância a falhas alcançada entre os grupos dentro do Subsistema de Sensores.

A tolerância a falhas alcançada para os Grupos de Elementos Finais e Subsistemas de Elementos Finais é calculada da mesma maneira. A tolerância a falhas alcançada para o Subsistema de Resolução Lógica normalmente é especificada pelo fabricante.

Se a tolerância a falhas alcançada não satisfizer a tolerância mínima a falhas requerida, então, em conformidade com a norma IEC 61511, o uso de um procedimento alternativo para cálculo dos requisitos mínimos de tolerância a falhas é permitido (e deve ser usado). A norma IEC 61508 define nos requisitos mínimos de tolerância a falhas o seguinte: Os dispositivos tipo B são identificados como qualquer dispositivo que contenha um microprocessador, e os dispositivos tipo A são todos os outros dispositivos.

A tabela seguinte substitui a tabela anterior, extraída da IEC 61511, e é usada como uma avaliação alternativa, quanto às tolerâncias alcançadas para as falhas. Se os requisitos da IEC 61511 ou da IEC 61508, para tolerância mínima a falhas forem satisfeitos, o projeto conceitual pode ser considerado adequado e o relatório final pode estabelecer que o SIL requerido foi alcançado.

Dispositivos do Tipo A			
Fração de Falhas Seguras	Tolerância Mínima Requerida à uma Falha de Hardware para assumir que o SIL foi Alcançado		
	0	1	2
< 60%	SIL 1	SIL 2	SIL 3
60% a 90%	SIL 2	SIL 3	SIL 4*
90% a 99%	SIL 3	SIL 4*	SIL 4*
> 99 %	SIL 3	SIL 4*	SIL 4*
Dispositivos Tipo B			
Fração de Falhas Seguras	Tolerância Mínima Requerida à uma Falha de Hardware para assumir que o SIL foi Alcançado		
	0	1	2
< 60%	Não Permitido	SIL 1	SIL 2
60% a 90%	SIL 1	SIL 2	SIL 3
90% a 99%	SIL 2	SIL 3	SIL 4*
> 99 %	SIL 3	SIL 4*	SIL 4*

Se a tolerância mínima a uma falha de hardware não for satisfeita, com o procedimento acima, pode ser necessária uma recomendação para aumentar a tolerância a falhas do hardware, de forma a atingir o SIL pretendido. O Engenheiro responsável pelo Projeto do SIS, em consulta com o Gerente do Projeto, pode também determinar se a "admissão do uso comprovado" é desejável para reduzir a tolerância mínima requerida a falhas em uma unidade. Para todos os subsistemas, exceto os de Resolução Lógica, a tolerância mínima a falhas pode ser reduzida em uma unidade se os dispositivos utilizados estiverem em conformidade com:

- O Hardware foi selecionado com base em "utilização prévia", tendo sido comprovado em funcionamento, ao invés de baseado em certificação;
- Somente é permitido o ajuste de parâmetros relacionados ao processo;
- O acesso aos ajustes é protegido;
- O SIL requerido da SIF é inferior a SIL 4.

O Engenheiro responsável pelo Projeto do SIS deve usar uma forma padronizada/estruturada, para coletar as informações do cliente/usuário final quanto ao uso comprovado das soluções de hardware. Não pode ser reivindicada a utilização comprovada, com base no histórico de utilização, que não exatamente no cliente/usuário específico para o qual é desejado fazer a reivindicação.

Para os subsistemas de Resolução de Lógica, independe da PFD alcançada, todos os elementos eletronicamente programáveis devem ser limitados a se qualificar apenas como SIL 1, a menos que o fornecedor possa prover documentação que o certifique como SIL 2 ou com desempenho superior. A certificação deve ser feita por uma autoridade qualificada e independente, tal como a TUV.

Apêndice G
Dados de Falha dos Componentes do SIS

Este apêndice contém dados típicos das taxas de falha, para os componentes que são comumente usados nos Sistemas Instrumentados de Segurança nas indústrias de processo. O objetivo é apresentar o desempenho "típico" desses dispositivos, quando selecionados, instalados e mantidos de forma apropriada para a utilização nas unidades de processo. Os dados são baseados na análise de um grande número de bancos de dados publicamente disponíveis e inúmeras fontes de dados confidenciais de várias empresas da indústria de processos. Todos os dados refletem situações reais de processo, sem a utilização de técnicas "preditivas". Esses dados tem caráter informativo e não devem ser usados em cálculos de comprovação, a menos que sejam revistos face a registros operacionais e históricos de taxas de falha da instalação específica em questão.

As características de falha mostradas nas tabelas a seguir, incluem a taxa de falha geral (todos os modos de falha) em termos de falhas por hora, a porcentagem de falhas seguras, o fator de cobertura do diagnóstico de falhas seguras [C(S)] e o fator de cobertura do diagnóstico de falhas perigosas [C(D)]. Importante notar que as tabelas fornecem "Porcentagem de Falha Segura" e não "Fração de Falha Segura". Conforme discutido em outras seções deste livro, a fração de falha segura (conforme definido na IEC 61511) inclui ambas, as falhas intrinsecamente seguras e também as tornadas seguras pelo diagnostico de falha perigosa. A porcentagem de falha segura é mais útil para fins de cálculo e inclui apenas falhas que são inerentemente seguras.

Dados para Sensores

Item	Taxa de Falha por hora	% Falha Segura	C(S)	C(D)
Chave pneumática de pressão	2,37E-5	83,5	0.0	0.0
Rele pneumático com piloto	9,20E-7	13,0	0,0	0,0
Pressostato	6,50E-6	41,0	0,0	0,0
Transmissor de pressão - atua aumento	1,50E-6	10,0	100,0	55,6
Transmissor de pressão - atua diminuição	1,50E-6	50,0	100,0	20,0
Medidor Turbina - atua aumento	1,50E-5	3,0	0,0	89,0
Medidor Turbina - atua diminuição	1,50E-5	90,0	97,0	0,0

Item	Taxa de Falha por hora	% Falha Segura	C(S)	C(D)
Termo resistência	4,90E-8	81,6	100,0	0,0
Termostato	4,00E-6	40,0	0,0	0,0
Transmissor temperatura - atua aumento	5,00E-6	30,0	100,0	50,0
Transmissor temperatura - atua diminuição	5,00E-6	50,0	100,0	50,1
Termopar - atua aumento	1,20E-6	0,0	100,0	50,2
Termopar - atua diminuição	1,20E-6	95,0	100,0	50,3
Chave de nível - capacitivo	4,00E-6	50,0	0,0	50,4
Chavede de nível - deslocamento	5,00E-6	60,0	0,0	50,5
Chavede de nível - piezoelétrica - atua diminuição	6,00E-7	30,0	0,0	66,7
Chavede de nível - piezoelétrica - atua aumento	6,00E-7	67	0,0	0,0
Chave de Nnível - pneumática	9,00E-7	50,0	0,0	0,0
Transmissor nível - deslocamento - atua aumento	7,00E-6	10,0	100,0	50,0
Transmissor nível - deslocamento - atua diminuição	7,00E-6	60,0	100,0	10,0
Transmissor nível - magnético - atua aumento	1,80E-6	50,0	100,0	50,0
Transmissor nível - magnético - atua diminuição	1,80E-6	50,0	0,0	25,0
Transmissor nível - radar - atua aumento	1,20E-6	50,0	100,0	35,0
Transmissor nível - radar - atua diminuição	1,20E-6	60,0	100,0	25,0
Chave de fluxo	8,00E-6	60,0	0,0	0,0
Transmissor vazão - coriolis - atua aumento	3,70E-6	20,0	100,0	50,0
Transmissor vazão - coriolis - atua diminuição	3,70E-6	50,0	100,0	25,0
Transmissor vazão - magnético - atua aumento	3,30E-6	20,0	100,0	50,0
Transmissor vazão - magnético - atua aumento	3,30E-6	50,0	100,0	25,0
Transmissor vazão - vortex - atua aumento	3,50E-6	20,0	100,0	50,0
Transmissor vazão - vortex - atua diminuição	3,50E-6	50,0	100,0	20,0
Detetor de chama	6,00E-6	50	0,0	0,0
Transmissor corrente	8,30E-6	60,0	0,0	0,0
Sensor proximidade	3,00E-7	50,0	0,0	0,0
Transmissor velocidade	2,00E-6	23,0	0,0	0,0

Dados para Lógica de Resolução

** Recomenda-se obter os dados junto ao fornecedor

Dados para Interface de Elemento Final

Item	Taxa de Falha por hora	% Falha Segura	C(S)	C(D)
Conversor E/P	4,00E-6	40,0	0,0	0,0
Relé de interposição	2,00E-7	20,0	0,0	0,0
Regulador pneumático	3,00E-6	80,0	0,0	0,0
Válvula solenoide - 2 vias - desenergiza para agir	4,00E-6	60,0	0,0	0,0
Válvula solenoide - 3 vias - desenergiza para agir	2,00E-6	60,0	0,0	0,0
Válvula solenoide - 3 vias - energiza para agir	1,00E-5	20,0	0,0	91,0

Dados para Elemento Final

Item	Taxa de Falha por hora	% Falha Segura	C(S)	C(D)
Válvula esfera pneumática	3,00E-6	60,0	0,0	0,0
Válvula borboleta pneumática	3,00E-6	55,0	0,0	0,0
Válvula gaveta pneumática	2,00E-6	40,0	0,0	0,0
Válvula globo pneumática	2,50E-6	55,0	0,0	0,0
Válvula esfera hidráulica	3,00E-6	55,0	0,0	0,0
Válvula gaveta hidráulica	5,00E-6	50,0	0,0	0,0
Válvula motorizada	5,00E-6	10,0	0,0	0,0
Contator partida motor	1,50E-6	80,0	0,0	0,0
Damper chaminé	6,00E-6	55,0	0,0	0,0
Válvula de regulação e bloqueio	3,80E-6	39,0	0,0	0,0

Apêndice H – Exemplo de Critério de Risco

Um dos aspectos mais importantes e difíceis do ciclo de vida do SIS (e da análise de risco) é determinar o nível de Risco Tolerável para qualquer situação específica. Embora a tolerabilidade ao risco possa ser representada de muitas maneiras, todas elas normalmente se referem a um único indicador chamado "Risco Individual de Fatalidade" (IR – Individual Risk of Fatality). Todas as outras representações do risco aceitável, que são posteriormente utilizadas para atividades do gerenciamento de risco, como a seleção do SIL, são derivadas desse único indicador. Os valores utilizados por várias organizações para o IR tolerável podem variar, mas em geral estão contidos dentro de faixas bastante estreitas. A Figura H.1 apresenta alguns critérios nacionalmente usados para o IR, enquanto a Figura H.2 apresenta os índices adotados por algumas empresas que operam indústrias de processo. O IR é tipicamente representado como um intervalo, onde o início do intervalo (frequência mais alta) representa a frequência em que o risco não é tolerável em nenhuma circunstância e o fim do intervalo (menor frequência) representa o ponto em que o risco é negligenciável ou amplamente aceitável. Ao longo da faixa, o risco deve ser reduzido a "Tão Baixo Quanto Razoavelmente Possível" (ALARP).

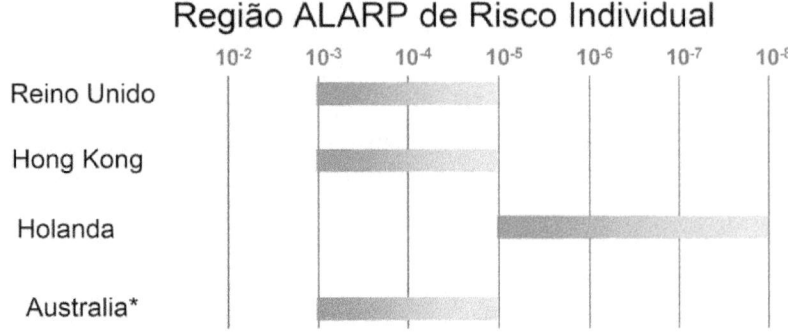

*Província de South New Wales

Figura H.1 – Critérios Nacionais de Tolerância ao Risco

Para a seleção do SIL, uma série de valores de risco toleráveis são calculados usando um processo de ajuste para a representação do risco tolerável selecionado. As duas abordagens mais comuns para representar o risco tolerável para a seleção SIL são a matriz de risco e a tabela TMEL. A matriz de risco fornece uma representação bidimensional do risco considerando as consequências e as probabilidades. Cada intersecção contém um valor numérico que representa o número de ordens de magnitude necessárias na redução do risco, para que o risco de um determinado perigo seja aceitável. A tabela TMEL, por outro lado, é baseada em consequências. Para cada categoria de consequência está definida a "Probabilidade Máxima Tolerável para o Evento" que é aceitável para um determinado perigo. Deve-se notar que ambas as abordagens fornecem uma métrica única que tipicamente cai no meio da gama ALARP e representa a tolerabilidade de um único perigo, em oposição à soma de todos os perigos para os quais um indivíduo está exposto.

Figura H.2 – Critérios empresarias de Tolerância ao Risco

Neste ponto, é importante explicar a correlação entre a faixa ALARP para o IR, que representa o risco tolerável para um indivíduo, e o valor único de TMEL, que representa o risco tolerável para um perigo específico. As faixas ALARP são determinadas fazendo a correlação dos riscos que os perigos comuns representam e a percepção social da tolerabilidade desses riscos. Considere a Figura H.3.

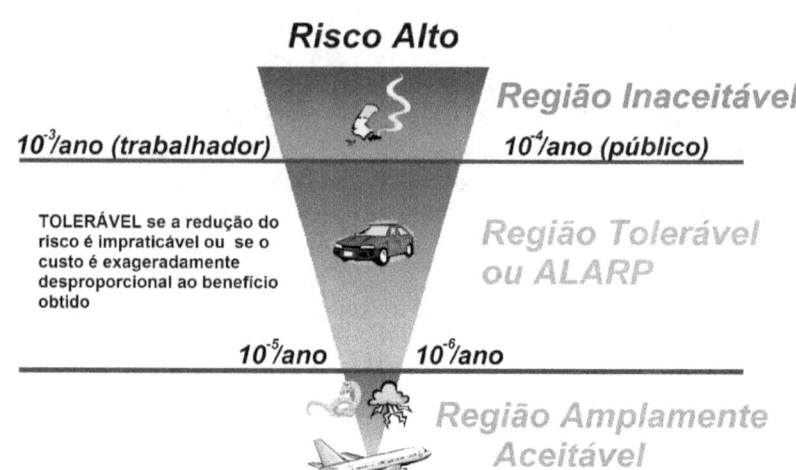

Figura H.3 – Representação Conceitual do ALARP

A Figura H.3 apresenta situações às quais as pessoas estão frequentemente expostas juntamente com os julgamentos quanto à tolerabilidade desses riscos.

Embora a faixa ALARP seja uma excelente ferramenta para representação do risco tolerável, ela não pode ser aplicada diretamente à engenharia do SIS ou a outras atividades de engenharia por duas razões. Primeiro: o ALARP é um intervalo e a engenharia requer necessariamente um valor único como um objetivo para o projeto. Em segundo lugar: o ALARP representa o "Risco Individual de Fatalidade" (IR), que considera a soma de todos os riscos aos quais um único indivíduo está exposto, enquanto que a engenharia do SIS requer um valor "alvo" para a prevenção, quanto à ocorrência de um determinado perigo ao qual muitas pessoas estão expostas, mas não continuamente.

O primeiro passo na conversão do ALARP para o TMEL é bastante direto, convertendo a faixa em um único valor. O conservadorismo e a prudência tipicamente resultam na seleção do valor intermediário da faixa como o valor desejado. O valor mais alto de frequência não é suficientemente conservador, enquanto que o valor mais baixo de frequência vai demandar significativos gastos adicionais em ações para redução do risco. No caso da Figura H.3, isso resultará no valor de 1×10^{-4} por ano.

O segundo passo é mais complexo e esotérico, mas após o esforço inicial para compreender a conversão, nenhum trabalho adicional será necessário para ajustar os indicadores. O risco individual considera a soma de todos os riscos aos quais um indivíduo específico está exposto, enquanto a TMEL define a tolerabilidade para um incidente específico. Para fazer a correlação entre os dois, é necessário considerar que um indivíduo está exposto, simultânea e continuamente a múltiplos perigos, mas não exposto por um período significativamente longo de tempo a um perigo específico. De forma geral, esses dois fatores tendem a se cancelar mutuamente. Pode-se imaginar que, em um dado momento, um trabalhador pode estar exposto a dez diferentes perigos que estão protegidos pelo SIS. Más, esse mesmo trabalhador passa apenas 25% do total de seu tempo no trabalho, sendo exposto a qualquer perigo específico por um período ainda mais curto, dado que continuamente estará se movimentando ao longo do dia de trabalho. Como resultado, normalmente o valor selecionado como objetivo do IR é usado diretamente como o valor da TMEL para um evento que possa resultar em uma fatalidade.

Uma vez que o valor objetivo da TMEL foi selecionado, ele vai servir de referência para ajustar as tabelas e matrizes que serão usadas nas atividades subsequentes de engenharia. Nas figuras apresentadas a seguir, os critérios típicos de tolerância ao risco serão desenvolvidos usando uma TMEL de mortalidade de 1×10^{-5} por ano. O primeiro passo é estabelecer uma tabela que defina categorias dos impactos de consequências e atribuir metas de TMEL para cada categoria, como a tabela apresentada na Figura H.4. O "ponto de referência " da tabela é a classificação de Gravidade 4 onde se identifica a ocorrência de uma fatalidade. Nesta linha, o valor da TMEL 1×10^{-5} será usado diretamente. Os objetivos da TMEL para as linhas acima e abaixo da linha de referências são diminuídos ou aumentados sequencialmente por uma ordem de magnitude, baseando-se no estabelecimento de categorias que variem em uma ordem de magnitude quanto à gravidade das suas consequências.

#	Impacto	Descrição	TMEL
0	Nenhum	Sem consequências de segurança	N/A
1	Muito Baixo	Ferimento Superficial - Primeiros Socorros	1E-02
2	Baixo	Afastamento sem hospitalização	1E-03
3	Moderado	Hospitalização com possíveis sequelas	1E-04
4	Alto	Uma Fatalidade	1E-05
5	Muito Alto	Multiplas fatalidades	1E-06

Figura H.4 – Tabela de Categorias das Consequências de Segurança

A tabela da Figura H.4 toma como base apenas as consequências do ponto de vista da segurança. Em muitas situações, é importante considerar também outros tipos de perdas, tais como perdas financeiras e danos ao meio ambiente. Para tanto, cada nível de consequência deve ser associado à uma perda equivalente, descrita em colunas adicionais. Para elaborar estes adicionais, é necessário discernir quanto à equivalência entre os diferentes tipos de perdas. Por exemplo: Qual o valor financeiro equivalente a uma fatalidade[2]? Tomando como referência a média dos acordos para solução de litígios nos EUA, até a redação deste livro, a expectativa média de uma grande empresa da área de processo, para um acordo face a uma fatalidade é da ordem de US$ 50 milhões, dependendo das circunstâncias que envolvem o incidente. Face a esta informação, o valor de US$ 50 milhões pode ser colocado na coluna "Financeiro" para a linha de gravidade equivalente a uma fatalidade, na tabela de consequências. As variações das ordens de magnitude deste valor são respectivamente atribuídas às demais categorias. De forma similar as implicações ao meio ambiente são atribuídas. O resultado final é mostrado na Tabela da figura H.5.

---

(2) Nota dos tradutores: Embora a questão pareça mórbida; do ponto de vista da necessidade de estabelecer indicadores objetivos e quantitativos para a efetiva análise pragmática dos meios de prevenção, a procura pela equivalência é meramente formal. No entanto e obviamente, cada empresa e/ou os leitores podem estabelecer o seu próprio critério de entendimento sobre o tema.

#	Impacto	Descrição	Meio Ambiente	Financeiro	TMEL
0	Nenhum	Sem consequências de segurança	Nenhum	Nenhum	N/A
1	Muito Baixo	Ferimento Superficial Primeiros Socorros	Pequeno vazamento com requisito mínimo para recomposição	$ 50.000	1E-02
2	Baixo	Afastamento sem hospitalização	Vazamento Moderado, limitado às instalações, requer remediação	$ 500.000	1E-03
3	Moderado	Hospitalização com possíveis sequelas	Grande vazamento, com limitado efeito exterior requer significativa remediação	$ 5 Milhões	1E-04
4	Alto	Uma Fatalidade	Grande vazamento exterior com dano a áreas externas sensíveis	$ 50 Milhões	1E-05
5	Muito Alto	Multiplas fatalidades	Significativo vazamento exterior, com grande necessidade de remediação, danos severos a áreas sensíveis	$ 500 Milhões	1E-06

Figura H.5 – Tabela Unificada das Categorias de Consequências

Se a abordagem, quanto à tolerabilidade do risco, for realizada usando a matriz de risco, uma outra tabela representando as categorias das probabilidades deve ser elaborada. Mais uma vez, esta tabela deve estabelecer categorias variando em ordens de magnitude quanto à sua frequência. A Figura H.6 mostra um exemplo desta tabela.

Probabilidade	Descrição	Período de Recorrência
0	Nenhum	N/A
1	Muito Improvável	1.000 anos
2	Improvável	100 anos
3	Eventual	10 anos
4	Frequente	1 ano
5	Muito Frequente	1 mês

Figura H.6 – Tabela de Categorias de Probabilidade

É importante ressaltar que estas tabelas representam categorias que são faixas de risco, embora as tabelas mencionem valores específicos (exemplo: "frequente" significa uma vez por ano). Ao desenvolver as tabelas para o uso em projetos reais, deve ser definido todo o intervalo para a categoria. Isso pode ser feito usando o "pior caso" ou modelos. Como exemplo: uma definição baseada no "pior caso" implicaria que o "intervalo de frequência" seja de uma vez por ano até uma vez a cada 10 anos. Já um modelo do intervalo adotaria 1 vez por ano como o meio desse intervalo, fazendo com que a faixa do período de recorrência seja de 0,3 a 3 anos. Em geral, a graduação através de modelos conduzirá a adoção de valores não excessivamente conservadores.

Uma vez que as tabelas de consequências e probabilidades tenham sido concluídas, é possível elaborar a matriz de risco que vai conter as interseções para todas as categorias de consequências e probabilidades.

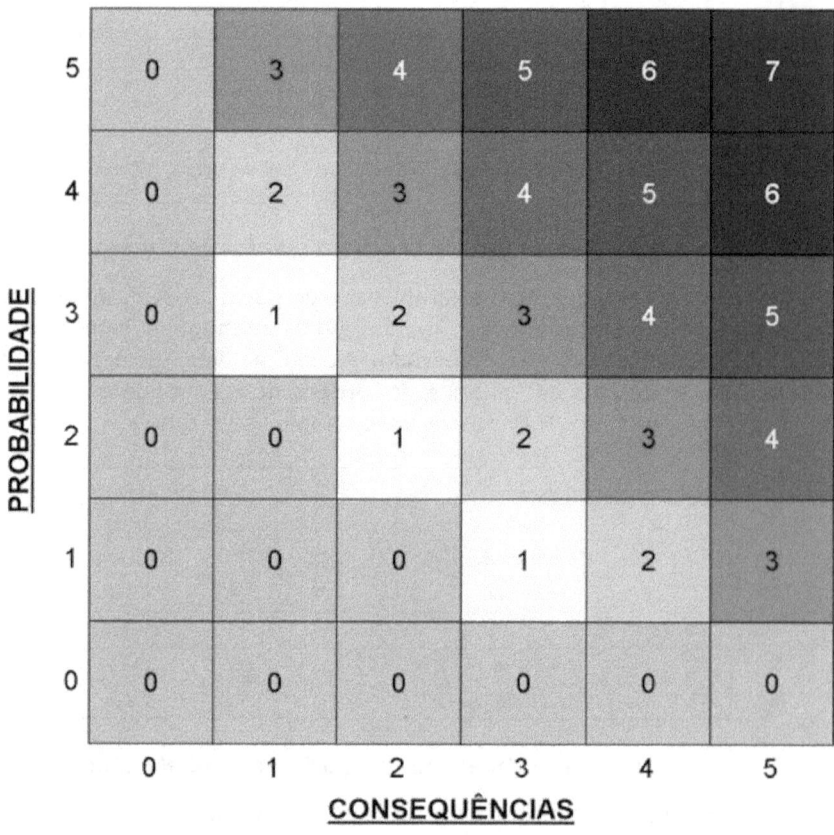

Figura H.7 – Matrix de Risco Ajustada

A "quantidade" necessária de redução de risco identificada em cada interseção é calculada com base no valor da TMEL para um "ponto de referência", levando em conta que as categorias de consequências e probabilidades variam por ordens de magnitude. Tal como foi feito para o desenvolvimento da tabela TMEL de consequências, a tolerabilidade para um evento cuja consequência esperada é de uma única fatalidade é utilizada como referência. Uma vez que a TMEL para esta consequência é 1×10^{-5}, então um evento que tenha como consequência uma fatalidade e com probabilidade de ocorrer uma vez por ano, precisará de cinco (5) ordens de magnitude na sua redução de risco para se tornar tolerável. Portanto, na interseção da consequência = 1 fatalidade com a probabilidade = 1 ano será adotado o valor 5. Na matriz mostrada na Figura H.7, esta é a interseção "consequência 4 e probabilidade 4". O restante da matriz é preenchido com base na definição de que cada categoria varia de uma ordem de magnitude, o que significa que, para cada movimento para cima ou para baixo, para a direita ou para a esquerda, o valor a ser preenchido nas interseções será respectivamente acrescido ou decrescido 1 unidade.

Apêndice I – Referências

Um "Functional Safety: Safety Instrumented Systems for the Process Industry Sector," ANSI/ISA-84.00.01-2004 (IEC 61511-1:Mod), Instrumenation Systems and Automation Society, Research Triangle Park, NC, 2004.

"Functional Safety: Safety Instrumented Systems for the Process Industry Sector," IEC 61511-1, International Electrotechnical Commission, Final Standard, 2003.

"Functional safety of electrical/ electronic/ programmable electronic safety related systems," IEC 61508, International Electrotechnical Commission, Final Standard, December 1999.

"Safety Instrumented Functions (SIF) – Safety Integrity Level (SIL) Evaluation Techniques," ISA-TR84.00.02-2002, Instrumenation Systems and Automation Society, Research Triangle Park, NC, 2002.

"The Application of ANSI/ISA 84.00.012004 Parts 1-3 (IEC 61511 Parts 1-3 Modified) for Safety Instrumented Functions (SIFs) in Fire, Combustible Gas, & Toxic Gas Systems," ISA-TR84.00.07, Instrumenation Systems and Automation Society, Research Triangle Park, NC, December 2009.

Marszal, Edward and Scharpf, Eric. Safety Integrity Level Selection with Layer of Protection Analysis. Instrumentation Systems and Automation Society, Research Triangle Park, NC, 2002.

"Petroleum Refinery Process Safety Management National Emphasis Program," Occupational Safety and Health Administration (OSHA), Washington DC, 2007.

Risk Management Program Guidance for Offsite Consequence Analysis. Environmental Protection Agency, Washington DC, 1996.

Smith, David J. Reliability Maintainability and Risk. ButterworthHeinemann, London, UK. (2007).

Lees, F.P., Loss prevention in the process industry, ButterworthHeinemann, London, UK. (1980).

Nonelectronic Parts Reliability Data. Reliability Analysis Center, Rome, NY, 1995.

OREDA-84: Offshore Reliability Data handbook, 1st edition, PennWell Publishing Company and distributed by DNV Technia, contact Andy Wolford, at DNV Technia, 16340 park Ten Place, Suite 100 Houston, TX 7784, phone 713-647-4225, FAX 713-647-2858.

Guidelines for Process Equipment Reliability Data, with Data Tables. Center for Chemical Process Safety (CCPS), American Institute of Chemical Engineers (AIChE), New York, NY, 1989.

Layer of Protection Analysis, Simplified Process Risk Assesment. Center for Chemical Process Safety (CCPS), American Institute of Chemical Engineers (AIChE), New York, NY, 2001.

www.ingramcontent.com/pod-product-compliance
Lightning Source LLC
Chambersburg PA
CBHW070153230526
45471CB00002B/643